E-Bilanz und SAP®

Jörg Siebert,
Martin Munzel

Bibliografische Information der Deutschen Bibliothek
Die Deutsche Bibliothek verzeichnet diese Publikation in der Deutschen
Nationalbibliografie; detaillierte bibliografische Daten sind im Internet
über http://dnb.ddb.de abrufbar.

Jörg Siebert, Martin Munzel:
E-Bilanz und SAP®
ISBN

Feedback: Wir freuen uns über Fragen und Anmerkungen jeglicher Art.
Bitte senden Sie diese an: info@espresso-tutorials.com.

Inhaltsverzeichnis

2

1 Vorwort

Bei der E-Bilanz handelt es sich genau genommen um eine Anlage zur Steuererklärung. Diese beinhaltet eine komplette Steuerbilanz oder eine HGB-Bilanz mit Überleitungsrechnung. Es sollen steuerliche Wertansätze elektronisch an die Finanzbehörde übertragen werden.

Mit dem BilMoG (Bilanzrechtsmodernisierungsgesetz) wurde die Maßgeblichkeit der Steuer- für die Handelsbilanz aufgehoben, und damit gehen die beiden Bewertungen (Prinzip der Einheitsbilanz) auseinander. Die Handelsbilanz rückt näher in die Richtung der internationalen Bilanzstandards (IFRS) für eine realistische wirtschaftliche Beurteilung und Steuerung des Unternehmens. Die Steuerbilanz hingegen bleibt geprägt von politischen Investitionsanreizen und Investitionsbremsen, beispielsweise durch steuerliche Abschreibungsmöglichkeiten bei Wirtschaftsgütern des Anlagevermögens.

Dazu kommt noch, dass viele Unternehmen ihre Steuerbilanz nicht (im ERP System) buchen bzw. diesen Teil bisher komplett an den Steuerberater ausgelagert haben. Bis zu 500 Felder können ab dem 31.12.2011 an das Finanzamt elektronisch gemeldet werden. Die Pflichtangaben auf Seiten der Bilanzkonten verdreifachen sich, bei den Gewinn- und Verlustkonten ist es der Faktor sechs. Eine Anpassung des Kontenplans ist zu bedenken. Das betrifft auch andere Abteilungen wie beispielsweise das Controlling.

Dieses Buch möchte einen Beitrag dazu leisten, dass Sie sich auf die Einführung der E-Bilanz optimal vorbereiten können. Dazu gehört neben einem rechtlichen Überblick auch der Kontext zum SAP-System. Sie stehen vor entscheidenden Weichenstellungen, wie Sie in Zukunft Ihrer Meldepflicht an das Finanzamt nachkommen wollen. Hierbei geht es um zwei Fragen:

> ▶ Wie dokumentieren Sie die handels- und steuerrechtlichen Abweichungen? In einer separaten Handels- und Steuerbilanz? In einer

Überleitungsrechnung von der Handels- zur Steuerbilanz? Oder mittels Überleitungsrechnung von der Steuer- zur Handelsbilanz?

► Wo dokumentieren Sie dieses Rechenwerk?
In Excel, Datev, Drittsoftware oder direkt im SAP-System?

Erfahrungen im Umgang mit dieser neuen gesetzlichen Anforderung gibt es bisher nur wenige. Das, was aus der Pilotphase 2011 und Projekten in 2012 bisher bekannt ist, möchten wir hier in einem eigenen Kapitel „Erfahrungsaustausch" mitteilen. Damit dieser Erfahrungsaustausch nicht nur auf das hier gedruckte Buch beschränkt ist, haben wir zusätzlich im Internet ein Forum zum Thema E-Bilanz und SAP eingerichtet.

Wir freuen uns auf Ihr Feedback unter **http://e-Bilanz.espresso-tutorials.de**.

Ein Dankeschön geht an alle, die uns bei der Erstellung dieses Buches geholfen haben: Judith Haase, Renata Munzel, Cornelia Heusinger, Bernd Nowack, Rüdiger Hoffmann, Guido Czampiel, Samuel Gonzalez, Oliver Kewes, Heinrich Drinhausen, Eugen Schäfer, Patrick Uhl, Thomas Möller, Erich Rohland, Stefan Dehn, Michael Hellebrandt, Markus Kusch-Matzek, Martina Schlüter, Thomas Bauer, Klaus Beck-Dede, Marion Michael, Ute Osterkamp, Astrid Krabbe und Frank Dunkel.

Registrierung für die dritte Auflage: Aufgrund der hohen Dynamik, die das „Projekt E-Bilanz" innehat, behalten wir uns vor, noch im Laufe des Jahres 2012 eine dritte Auflage dieses Buches mit weiteren Aktualisierungen zu veröffentlichen. Als besonderes Dankeschön für Sie, lieber Leser, bieten wir Ihnen die Möglichkeit, die dritte Auflage kostenlos in elektronischer Form zu lesen. Um diesen Service in Anspruch zu nehmen, möchten wir Sie bitten, sich dazu über den folgenden Link auf unserer Homepage zu registrieren: **http://3.auflage.espresso-tutorials.de**

Jörg Siebert, Martin Munzel

2 Motivation und gesetzliche Anforderungen

Mit dem Steuerbürokratie-Abbaugesetz (SteuBAG) strebt der Gesetzgeber eine Erleichterung bei der Steuerbehebung und gleichzeitig einen Abbau der Bürokratie an. Als Rechtsgrundlage für die E-Bilanz gilt § 5b EStG.

2.1 Motivation des Staates

Die wesentlichen Motive des Staates lassen sich in verschiedene Themen gruppieren:

Bis heute gibt es ein **Ungleichgewicht bei Betriebsprüfungen**. Geht es nach einer Statistik vom Bundesfinanzministerium für den Zeitraum 2009/2010, so wurden dort 23 % der Großbetriebe, aber nur 1 % der Kleinstbetriebe geprüft. Einige Konzerne haben schon eigene Büros für die Prüfer eingerichtet, die aufgrund von Folgeprüfungen selten leer stehen. Im Gegensatz dazu ist die Wahrscheinlichkeit, als Kleinstbetrieb innerhalb des Verjährungszeitraums von 10 Jahren überhaupt geprüft zu werden, relativ gering. Der Grundsatz einer Gleichmäßigkeit der Besteuerung ist so aus dem Gleichgewicht geraten.

Auf Seiten des Staates gibt es tendenziell nicht mehr, sondern sogar **weniger Steuerprüfer**. Dies mag an den geburtenschwachen Jahrgängen liegen oder am Berufsbild des Steuerprüfers, das mit einem weniger positiven Image behaftet ist, oder wegen der Bezahlung bzw. des Kostendrucks auf Seiten des Staates. Vielleicht ist es auch eine Kombination dieser drei Faktoren.

Die elektronische Steuerbilanz ermöglicht eine **maschinelle Vorprüfung** der Daten. Unternehmen jeder Größenordnung können so sehr effizient und zeitnah zur Meldung in ein gewisses Schema eingeordnet werden. Diese Verlagerung der Betriebsprüfung hin zu einem zentralen Verfahren ermöglicht nicht nur eine einheitliche Speicherung der Daten, sondern auch einen direkten Vergleich innerhalb von Branchen und Regionen. Gäbe es hier auffällige Abweichungen, die vom Computer erkannt werden können, könnte neben dem elektronischen Betriebsprüfer sein menschlicher Kollege bei dem Betrieb zeitnah vorbeischauen.

In der Vergangenheit haben die verschiedenen Interessenvertreter dem Gesetzgeber immer wieder vorgeworfen, **Änderungen an Gesetzen** zu schlecht **abschätzen** zu können. Teilweise wurden Horrorszenarien skizziert, um die Anhebung von Steuern oder die Abschaffung von Subventionen zu verhindern. Die neu gewonnene Transparenz der zentral gespeicherten und einheitlichen Steuerbilanzen kann ebenfalls dazu genutzt werden, um bereits vor einem Gesetzesentwurf eine Simulation von Gesetzesänderungen durchzuführen. Nehmen wir ein relativ einfaches Beispiel mit der sogenannten „1 %-Regelung" für Kraftfahrzeuge. Selbständige können aktuell entscheiden, ob sie ein Fahrtenbuch führen oder 1 % des Bruttolistenneupreises als geldwerten Vorteil monatlich versteuern. Würde eine Bundesregierung bemessen wollen, welche Mehreinnahmen eine 1,5 %- oder 1,7 %-Regelung mit sich bringen würde, wären die zentral vorhandenen Steuerbilanzen, die genau jene Informationen hinsichtlich der standardisierten 1 %-Regelung enthalten, von Vorteil.

Die grundsätzliche **Prämisse** aus der Sicht des Gesetzgebers ist eine **einfache Umsetzung** durch den Steuerpflichtigen. Es gab die Annahme, dass die bereits heute vorhandenen Daten nicht mehr schriftlich, sondern in elektronischer Form eingereicht werden. Im Normenkontrollrat, der jedes Gesetz auf seine Kosten hin genauer betrachtet, schätzt man die Kosten für die E-Bilanz auf insgesamt 500.000 € für die Wirtschaft, d.h. 38,50 Cent je Unternehmen *(Quelle: Bundesministerium der Finanzen 2009)*. Seitdem gibt es eine Diskrepanz zwischen der sehr stark vereinfachten Vorstellung und der betrieblichen Realität. Am 1. September 2011 veranschlagte das Magazin „Markt und Mittelstand" die Umstellungskosten deutlich höher mit durchschnittlich 10.000 € pro Unternehmen.

In vielen Unternehmen gibt es lediglich eine Überleitungsrechnung zwischen Handels- und Steuerbilanz. Vor dem Bilanzrechtsmodernisierungsgesetz (BilMoG) war dieses absolut üblich und auch ausreichend.

Erst nach dem BilMoG brach die bisherige Einheitsbilanz auseinander und verkomplizierte die bisherigen Überleitungsrechnungen. Nachdem Sie die wesentliche Motivation des Staates kennengelernt haben, sollen im nächsten Abschnitt die gesetzlichen Rahmenbedingungen näher betrachtet werden.

2.2 Gesetzliche Anforderungen

Das Steuerbürokratieabbaugesetz (SteuBAG) wurde im Jahr 2008 von der CDU/SPD-Koalition beschlossen und auf den Weg gebracht. Es ist im Jahr 2009 in Kraft getreten. Kernpunkt ist der § 5b Einkommensteuergesetz zur elektronischen Übermittlung von Bilanz- und Gewinn- und Verlustdaten. Ein zeitlicher Ablauf der Ereignisse zeigt Tabelle 2.1.

01/2010	Erste Detaillierung der Anforderungen an eine E-Bilanz
09/2010	Die Struktur (Haupttaxonomie) wird veröffentlicht
10/2010	Verbände können Stellung beziehen
12/2010	Anwendungszeitpunktverschiebungsverordnung, Verschiebung der E-Bilanz um ein Jahr
12/2010	Beschluss für eine Pilotphase
01/2011	Beginn der Pilotphase
03/2011	Ergänzungstaxonomien werden angekündigt
04/2011	Ende der Pilotphase (geplantes Datum)
08/2011	Veröffentlichung der Pilotphasen-Ergebnisse
08/2011	Ein Schreiben des Bundesministeriums für Finanzen (BMF) bringt Rechtssicherheit bei Auffangpositionen und Mussfeldern
09/2011	Nichtbeanstandungsregelung, keine Sanktionen, wenn im Jahr 2012 keine E-Bilanz abgegeben wird. Erleichterung für Betriebsstätten.
09/2011	Veröffentlichung der Haupt- und Ergänzungstaxonomien

2012	Freiwilliger Beginn für die E-Bilanz. Für dieses Jahr 2012 werden Papierbilanzen nicht beanstandet
04/2012	Die Taxonomie 5.1 wird veröffentlicht. Dies ist gültig für alle Wirtschaftsjahre die nach dem 31.12.2012 beginnen
2013	E-Bilanz wird in vielen Bereichen für 2013 verpflichtend
2015	Erweiterte Verpflichtung der Datenübertragung, die insbesondere Personengesellschaften betrifft: ▸ Ergänzungs- und Sonderbilanzen ▸ Entwicklung der Kapitalkonten
2015	Übergangsregelung Endet für ▸ Unternehmen mit ausländischen Betriebsstätten ▸ Ausländische Unternehmen mit inländischen Betriebsstätten ▸ Steuerbegünstigte Körperschaften ▸ Betriebe gewerblicher Art (BgA)

Tabelle 2.1: zeitlicher Ablauf der Beschlusslage

Die Gegenwart lässt sich leichter verstehen, wenn man sich die zeitlichen Entwicklungen der letzten Jahre vor Augen führt. Hierzu zählen auch die Ergebnisse der E-Bilanz-Pilotphase. Diese geben einen kleinen Einblick zur praktischen Anwendung in den Unternehmen.

Ergebnisse der Pilotphase

Die Pilotierung begann am 18.01.2011 mit einer Informationsveranstaltung des BMF und endete offiziell am 30.04.2011, d. h. ab diesem Datum wurden keine neuen Pilotierungssteuernummern herausgegeben. Datensätze wurden wiederum weiter bis zum 30.06.2011 gesammelt und ausgewertet. Die Pilotphase hat gezeigt, dass eine technische Übertragung der E-Bilanz prinzipiell funktioniert. Insgesamt wurden 406 Teststeuernummern vergeben, mit denen in Summe 90 Übertragungen durchgeführt worden sind. Von 599 Berichtsteilen der Bilanz wurden im Schnitt 48 Positionen und von 534 Berichtsteilen der GuV wurden im Schnitt 63 Positionen belegt. Im Gegensatz zu der in der Pilotphase verwendeten Taxonomie wird die finale Haupt-Taxonomie für die E-Bilanz 2012 weitere 32 Auffangpositionen enthalten. Darüber hinaus entfallen auch 13 Mussfelder.

Im bisherigen Ablauf sticht als Novum die steuerliche Gewinn- und Verlustrechnung hervor, die es im Einkommensteuerrecht gar nicht gibt. Auch die detaillierten Anforderungen an eine steuerliche Taxonomie gehen teilweise weit über die bisherige Gliederung der Handelsbilanz (§ 266 HGB) sowie GuV (§ 275 HGB) hinaus.

Der Wunsch nach detaillierten Informationen ist überwiegend der Vorprüfung bzw. Simulation von steuerlichen Sachverhalten von Seiten des Staates geschuldet. Eine größere Änderung des Kontenplans bzw. auch des Buchungsverhaltens bringt Umstellungskosten mit sich, die von Seiten der Unternehmen nicht gewünscht sind. Es bleibt abzuwarten, wie die E-Bilanz in der Praxis gelebt wird.

2.3 Ausblick

Auch wenn durch eine weitere „Verschiebung" der E-Bilanz von 2012 auf 2013 etwas Zeit gewonnen worden ist, auf eine weitere zeitliche Verzögerung oder gar einen Abbruch des Projektes, ähnlich wie beim ELENA-Verfahren (elektronischer Einkommensnachweis) sollten Sie nicht spekulieren. Die Politik hat vom Bundesverfassungsgericht den Auftrag bekommen die Gleichmäßigkeit der Besteuerung (§ 85 Satz 1 AO) wiederherzustellen.

Dieses wird mit dem § 5b EStG, auf dem die E-Bilanz basiert, passieren. Gehen Sie davon aus, dass die E-Bilanz ab 2013 verpflichtend sein wird. Somit könnten Sie vorab das Jahr 2012 als Testphase für Ihre E-Bilanzerstellung nutzen. Ein wichtiger Schritt ist hierbei die Taxonomie der Steuerbilanz, die im nächsten Kapitel dargestellt werden soll.

3 Taxonomie der Steuerbilanz

Bei einer Taxonomie handelt es sich um ein vom Gesetzgeber definiertes Schema, in dem steuerlich relevante Daten berichtet werden müssen. Hierbei ist u. a. ein fest definiertes Kontenschema gemeint. In anderen Ländern ist durchaus die Bezeichnung Landeskontenplan geläufig (z. B. Frankreich). Für Unternehmen, deren Wirtschaftsjahre nach dem 31.12.2011 beginnen, kann die E-Bilanz damit ab 2012 Realität sein.

3.1 Verschiedene Taxonomien

Da es unterschiedliche Interessenvertreter und Zielgruppen (Adressatenkreise) rund um das Thema Bilanz gibt, gibt es auch unterschiedlich definierte Strukturen der elektronischen Berichterstattungen bzw. Taxonomien. Beispielsweise für US-GAAP hat die amerikanische Börsenaufsicht SEC eine Taxonomie veröffentlicht, um Bilanzdaten automatisiert verarbeiten zu können. Das entsprechende Pendant, die Deutsche Börse, bietet eine Taxonomie für IFRS-basierte Werte. Der elektronische Bundesanzeiger nutzt seine Taxonomie für HGB-Bilanzen.

Um die legalen Anforderungen der elektronischen Steuerbilanz gemäß § 5b EStG zu erfüllen, ist für 2012 die HGB-Taxonomie in der Version 5.0 zu verwenden. Sie finden diese unter http://www.esteuer.de. Für einzelne Branchen wie z. B.:

- ▸ Wohnungswirtschaft
- ▸ Land- und Forstwirte
- ▸ Krankenhäuser
- ▸ Pflegedienstleister
- ▸ Verkehrsunternehmen
- ▸ kommunaler Eigenbetrieb
- ▸ Banken

▶ Versicherungen

gibt es Ergänzungstaxonomie. Bei Banken und Versicherungen hat diese gegenüber der Kerntaxonomie ersetzenden Charakter. Für alle anderen Branchen wirkt die Ergänzungstaxonomie erweiternd. Strukturiert ist die Taxonomie in zwei Teile – einen allgemeinen Stammdatenteil (GCD – Global Common Document) und einen zweiten Teil für Bewegungsdaten (GAAP – Generally Accepted Accounting Principles).

3.2 Stammdaten (GCD)

Für die E-Bilanz sind als Stammdaten die folgenden drei Teilbereiche zu melden:

▶ Allgemeine Informationen zum Dokument

▶ Informationen zum Bericht

▶ Informationen zum Unternehmen

Die GCD-Datei beinhaltet in der ausgelieferten Version knapp 500 Zeilen und Dutzende von beschreibenden Spalten. Um hier nicht den Blick auf das Wesentliche zu verlieren, ist zu empfehlen, dass Sie zunächst alle nicht benötigten Informationen ausblenden und sich in der Spalte „AD" auf die Mussfelder konzentrieren. Dann bleiben in der Version 5.0 vom 14.09.2011 die folgenden 55 Einträge übrig, die Sie Tabelle 3.1 entnehmen können.

Die Hierarchie wird in dieser Struktur anhand von „Leveln" unterschieden. Wenn man die Hierarchieknoten heraus rechnet, reduziert sich die eigentliche Anzahl der zu füllenden Felder weiter.

Level	Bezeichnung
4	Erstellungsdatum
4	Art des Berichts
4	Fertigstellungsstatus des Berichts
4	Status des Berichts
4	Berichtsbestandteile
5	Bilanz

5	Eröffnungsbilanz ohne GuV
5	GuV
5	Ergebnisverwendung
5	steuerliche Überleitungsrechnung
5	steuerliche Gewinnermittlung
5	steuerliche Gewinnermittlung bei Personengesellschaften
5	Kapitalkontenentwicklung für Personenhandelsgesellschaften
4	Bilanzart
4	Bilanzart steuerlich bei PersG/Mitunternehmerschaften
4	Bilanz enthält Ausweis des Bilanzgewinns
4	Bilanzierungsstandard
4	Branchen
4	GuV-Format
4	Konsolidierungsumfang
4	Bericht gehört zu
5	Name Gesamthand
5	Unternehmenskennnummern, Gesamthand
6	13-stellige Steuernummer
6	4-stellige Bundesfinanzamtsnummer
5	Abschlussstichtag, Gesamthand
4	Beginn des Wirtschaftsjahres
4	Ende des Wirtschaftsjahres
4	Bilanzstichtag
4	Beginn des Wirtschaftsjahres (Vorjahr)
4	Ende des Wirtschaftsjahres (Vorjahr)
4	Bilanzstichtag (Vorjahr)
4	Name des Unternehmens
4	Rechtsform
5	Straße, Firmensitz
5	Hausnummer, Firmensitz

5	Postleitzahl, Firmensitz
5	Ort, Firmensitz
5	Land, Firmensitz
4	Unternehmenskennnummern
5	13-stellige Steuernummer
5	steuerliche IdNr.
5	4-stellige Bundesfinanzamtsnummer
6	13-stellige Steuernummer
6	steuerliche IdNr.
6	4-stellige Bundesfinanzamtsnummer
4	Gesellschafter/(Sonder-)Mitunternehmer
5	Name des Gesellschafters
5	Nummer des Beteiligten aus Feststellungserklärung
5	13-stellige Steuernummer des Gesellschafters
5	steuerliche IdNr.
5	Rechtsform des Gesellschafters
5	Beteiligungsschlüssel Gesellschafter
5	Sonderbilanz benötigt?
5	Ergänzungsbilanz benötigt?

Tabelle 3.1: GCD-Pflichtfelder

GCD-Informationen und SAP ERP

Stand heute (10/2011) gibt es im SAP ERP-Standard noch keine Möglichkeit, diese GCD-Stammdateninformationen in den globalen Parametern des Buchungskreises oder an einer anderen Stelle im SAP ERP zu hinterlegen. Beim DSAG-Jahreskongress (09/2011) gab es von Seiten der SAP den Ausblick, dass es eine GCD-Stammdatenpflege (als Customer Include) im SAP ERP geben wird. Nächste Schritte sind eine technische Evaluierung und Zusammenarbeit mit der DSAG.

3.3 Bewegungsdaten (GAAP)

Weitaus umfangreicher und auch komplexer als die Stammdaten im GCD-Modul ist der Bereich Bewegungsdaten (GAAP) mit 4405 möglichen Feldern. Dort sind die folgenden Informationen verpflichtend:

▶ Handelsbilanz mit Überleitungsrechnung

▶ oder Steuerbilanz

▶ Gewinn- und Verlustrechnung nach Gesamtkostenverfahren (GKV) oder Umsatzkostenverfahren (UKV)

▶ Steuerliche Modifikationen

▶ Ergebnisverwendung (Kapitalgesellschaften mit Bilanzgewinn)

▶ Steuerliche Gewinnermittlung

▶ (Einzelunternehmen und Personengesellschaften)

Als vorbereitende Tätigkeiten für Ihre Bilanz und Gewinn- und Verlustrechnung können ausgehend vom heutigen Kontenplan die Konten der Taxonomie zugeordnet werden. Bei der Arbeit mit den Taxonomieanforderungen sind verschiedene Fälle zu unterschieden.

1:1 Zuordnung von Konto und Taxonomie-Position

Beispielsweise wird es sehr viele Fälle geben, bei dem Sie ein Konto eindeutig einer Steuerbilanzposition zuordnen können. Hierbei handelt es sich um den Idealfall. Schätzungsweise 80 % Ihrer Konten sollten in diese Kategorie fallen können. Das ist der leichteste Teil während der Zuordnung (Mapping).

Negatives Vorzeichen und Wechselkonten

In der Taxonomie werden Salden in absoluten Beträgen gefordert. In Ihrem SAP-System werden Positionen der Passivseite als auch Ertragsposten mit einem negativen Vorzeichen dargestellt. Dieses technische Zeichen darf nicht übertragen werden. Eine weitere Besonderheit sind Konten mit drehenden Salden, d. h. Konten, die sowohl auf der Aktiv-(positiver Saldo) als auch auf der Passivseite (negativer Saldo) ausgewiesen werden können, z. B. Bankkonten.

Auffangpositionen für Konten die nicht eindeutig einer Taxonomieposition zuordenbar sind

Finden sich einzelne Sachverhalte eines Kontos in der Taxonomie nicht 1:1 wieder, so sind für diese Fälle bei einigen Kontenpunkten Auffangpositionen in der Taxonomie vorhanden. In der Bezeichnung sind diese i.d.R. mit „nicht zuordenbar" gekennzeichnet.

Beispiel: Umsatzerlöse

Es ist im SAP-System nicht üblich, Umsatzerlöse getrennt nach einzelnen Steuersachverhalten, sondern mittels Steuerschlüssel zu buchen. Obwohl einzelne Umsatzerlöskonten ebenfalls als Mussfeld deklariert sind, können Sie hier die Position „Umsatzerlöse ohne Zuordnung nach Umsatzsteuertatbeständen" verwenden. Eine Anpassung der SD-Kontenfindung ist somit nicht notwendig.

Übergeordneter Kontenpunkt, wenn keine Auffangposition vorhanden ist

Für Sachverhalte, für die Sie ein Konto nicht in der Taxonomie 1:1 wiederfinden und es in diesem Bereich keine Auffangposition gibt, können Konten auch einem allgemeineren, übergeordneten Kontopunkt direkt zugeordnet werden. Dieses Verfahren ist insbesondere dann anzuwenden, wenn alternativ eine Anpassung des Kontenplans notwendig ist, bzw. ein größerer Eingriff ins Buchungsverhalten erforderlich wäre. Sollte es unter diesem Kontopunkt abschließend noch unbefüllte Mussfelder geben, so sind diese mit einem technischen NIL-Wert (= leer) zu übermitteln.

Beispiel: Steuern vom Einkommen und Ertrag

Unterhalb der Level-3-Position „Steuern vom Einkommen und Ertrag" gibt es im Level 4 zwar eine detaillierte Auflistung einzelner Steuerarten, diese Liste ist jedoch nicht vollständig, und es gibt hier keine Auffangposition. Wenn Sie beispielsweise den Sachverhalt „ausländische Quellensteuer" haben, können Sie diesen direkt der Level-3-Position „Steuern vom Einkommen und Ertrag" zuordnen. Andere Positionen im Level 4 sind, wenn möglich, ebenfalls zu füllen.

Kontennachweis

In der Taxonomie wird für 137 Positionen ein Kontennachweis gefordert. In diesem Fall ist ein Kontennachweis „erwünscht", d. h., falls ein Kontennachweis technisch möglich ist, muss dieser erbracht werden. Hierbei handelt es sich um einen Auszug aus der Summen- und Saldenliste dieser Konten im XBRL-Format. Als Angaben sollen Kontonummer, Kontobezeichnung und Saldo zum Stichtag gemeldet werden. Für die IT-Umsetzung des Kontennachweises ist der Hinweis auf das Label der Taxonomieposition entscheidend. Erst mit dem XBRL-Namen zur Position (Feld „name" zur Bezeichnung, Feld „label") wird in der Taxonomie deutlich, zu welcher Taxonomieposition ein Datensatz aus Kontonummer, Kontobezeichnung und Betrag gehören.

Anwendung in der Praxis

Bei den Verhandlungen bezüglich der E-Bilanz-Taxonomie wurde zunächst ein „verpflichtender Kontennachweis" formuliert. Aufgrund des Hinweises, dass nicht alle Sachverhalte sich auf Konten so widerspiegeln müssen, hat man die Formulierung etwas entschärft. Das ändert nichts an der Tatsache, dass die Finanzbehörde einen Kontennachweis haben möchte.

Indirekte Mussfelder

Es gibt 162 Felder in der Taxonomie, die mit dem Attribut „Summenmussfelder" gekennzeichnet sind. Häufig sind Knotenpunkte rechnerisch mit einer oder mehreren Positionen verknüpft. Gibt es darunter Mussfelder, so sind die errechneten Knoten als Summenmussfeld gekennzeichnet. Gibt es auf darunter liegenden Feldern Positionen, die bisher nicht als Mussfeld deklariert waren, so werden diese ebenfalls verpflichtend.

Beispiel: Immaterielle Vermögensgegenstände

Im Level 4 wird der Knotenpunkt „Immaterielle Vermögensgegenstände" als Summenmussfeld gekennzeichnet. Entsprechend ist der Knotenpunkt in Level 5 „entgeltlich erworbene..." mit Werten zu versorgen. Indirekt werden auch die darunter in Level 6 liegenden, bisher nicht als Mussfeld deklarierten Positionen „Konzessionen" und „gewerbliche Schutzrechte" ebenfalls zum Mussfeld.

Nach dieser Begriffsdefinition sind Sie mit einigen Termini aus der Taxonomie vertrauter und können mit der Zuordnung des Kontenplans beginnen.

3.4 XBRL

Für die technische Strukturierung der Taxonomie kommt XBRL (eXtensible Business Reporting Language) zum Einsatz. Hierbei handelt es sich um eine weltweit standardisierte Dateiformatsprache, die einen plattformunabhängigen Austausch von Finanzberichten ermöglichen soll. Der wesentliche Vorteil von XBRL besteht sowohl in einer guten optischen Berichtsdarstellung als auch in der Möglichkeit zur direkten elektronischen Weiterverarbeitung der Daten. In anderen Ländern wie Großbritannien oder den USA ist XBRL für Finanzberichte längst der Standard. Bereits heute (2011) ist XBRL beim Bundesanzeiger für Bilanzveröffentlichungen möglich (HGB-Taxonomie 4.1). In der Realität werden die Bilanzen von den Unternehmen jedoch überwiegend noch als Word- oder PDF-Dokument eingereicht. Eine einheitliche elektronische Strukturierung und Weiterverarbeitung, z. B. für Bonitätsbeurteilungen, wird somit erschwert. Mit der Einführung der E-Bilanz wird XBRL auch in Deutschland zum Standard. Andere Länder werden dem XBRL-Trend folgen (siehe http://xbrl.org/). Wenn Sie sich im Unternehmen Gedanken machen, eine neue Software für die XBRL-Konvertierung zu verwenden, beachten Sie bitte die internationalen Einsatzmöglichkeiten dieser Lösung.

3.5 Übertragung

Werte bezüglich der Körperschaftssteuer (§ 31 Abs.1), Gewerbesteuer (§ 14a) und Einkommensteuer bei gewerblichen Einkünften (§ 25 Abs. 4) sind seit 2011 verpflichtend über das Elster-Verfahren bzw. Elster-Portal zu berichten. Mit der E-Bilanz (§ 5b) kann das Elster-Portal nicht direkt verwendet werden. Hier kommt bisher ausschließlich eine indirekte Nutzung mittels ERiC (Elster Rich Client) zum Einsatz.

Bei dieser Software auf Basis von Microsoft Windows handelt es sich nicht um eine auf dem PC zu installierende und dann zu bedienende Anwendung, sondern vielmehr um Softwarebausteine, die die einzelnen Anbieter von Buchhaltungs- bzw. Steuersoftware bei Ihren Softwarelösungen anbinden müssen. Sofern es sich hierbei nicht um auf Windows basierende Systeme wie z. B. Linux oder OS/400 handelt, wird es technisch schwierig.

ERiC übernimmt die Bilanzdaten und validiert diese gegen sein internes Regelwerk. Hierbei handelt es sich um eine

► fachliche Detailprüfung,

► generische E-Bilanz-Prüfung auf Mussfelder etc.

► und Prüfung auf den XBRL Standard.

Nur für den Fall, dass die gesamte Validierung erfolgreich ist, erfolgt eine Verschlüsselung und Sendung der Daten an den Elster-Annahmeserver. Erst zu diesem Zeitpunkt gilt die E-Bilanz rechtlich betrachtet als abgegeben.

ERiC-Fehlermeldungen

Die ersten Tests während der Pilotphase haben gezeigt, dass die von der ERiC-Software produzierten Fehlermeldungen stark technisch ausgeprägt sind, siehe Beispiel:

„Beim vorliegenden Wert der Position 'genInfo.report.id.statementType' muss auch die Position 'genInfo.company.id.idNo.type.companyId .ST13' angegeben werden. Angabe mit xsi:nil='true' ist nicht hinreichend."

Die Meldung sollten die einzelnen AddOn-Anbieter nicht analog weiterreichen, sondern intelligent aufbereiten. Achten Sie bei Ihrer E-Bilanz-Softwareauswahl darauf, dass in Ihrer Lösung möglichst klare, für den Fachbereich verständliche Fehlermeldungen produziert werden.

Wir schließen damit das Kapitel zur Taxonomie und wenden uns nun den Wahlmöglichkeiten zu, die Ihnen zur Verfügung stehen.

4 Wahlmöglichkeiten

Von Seiten des Gesetzgebers gibt es keine direkte Verpflichtung für die Erstellung einer eigenständigen Steuerbilanz. Indirekt kommt die Anforderung aus der Taxonomie für die zu übertragenden steuerlichen E-Bilanz-Daten. An der prinzipiellen Frage, ob und wie steuerliche Ansätze dokumentiert oder auch gebucht werden sollen, ändert das jedoch nichts.

4.1 Dokumentation für eine Überleitungsrechnung

Im steuerlichen Bereich ist die Deltapostenmethode weit verbreitet. Dort werden abweichende Bewertungen (Deltapositionen) erfasst und „lebenslang" dokumentiert. Dass dieses nicht zwangsweise eine Buchung zur Folge haben kann, soll ein Beispiel deutlicher machen. In der Abbildung 4.1 wird eine Handelsbilanz mit einigen wenigen Positionen dargestellt.

Aktiva	Handelsbilanz		Passiva
Anlagevermögen		Eigenkapital	
Selbstgeschaffene immaterielle VG	120	Stammkapitel	25
Maschinen	100	Jahresüberschuss	55
		Rückstellungen	
Umlaufvermögen	80	Pensionsrückstellungen	30
		Sonstige Rückstellungen	50
		Verbindlichkeiten	140
	300		300

Abbildung 4.1: Handelsbilanz

Unterschiedliche Bewertungsvorschriften im Handels- und Steuerrecht führen zu einer Anpassung bei folgenden Positionen:

> ▶ Selbst geschaffene immaterielle Vermögensgegenstände
> (Aktivierungsverbot im Steuerrecht)

- ▸ Pensionsrückstellungen
  (Abzinsung für steuerlichen Ansatz erforderlich)

- ▸ Bei den Drohverlustrückstellungen gibt es ein Passivierungsverbot
  im Steuerrecht. Diese unterschiedliche Bewertung hat Auswirkungen auf die Summe der zu berichtenden sonstigen Rückstellungen

Die Deltas (Unterschiede) können mit der heute in der Praxis gängigen
Überleitungsrechnung dokumentiert werden, siehe Abbildung 4.2. Ausgehend vom HGB-Jahresüberschuss werden die Bewertungsunterschiede hinzugerechnet bzw. abgezogen und führen zu einem Gewinn nach
Steuerrecht.

Überleitungsrechnung

Jahresüberschuss	55
Aktivierungsverbot Immaterielle VG	-120
Bewertungsunterschied Pensionsrückstellungen	+15
Passivierungsverbot Drohverlustrückstellungen	+25
Gewinn nach Steuerrecht	-25

Abbildung 4.2: Überleitungsrechnung

Somit ergeben sich verborgene Steuerlasten oder -vorteile aufgrund einer zunächst unterschiedlichen Bewertung von Handels- und Steuerrecht (Steuerlatenz).

Es ergeben sich für eine steuerliche Dokumentation folgende Vorteile:

▸ Die Deltatechnik ist in den Steuerabteilungen meistens heute bereits implementiert.

▸ Die Technik ist flexibel handhabbar für rückwirkende Änderungen.

▸ Zusätzlich ist eine unmittelbare Klassifikation (permanent/temporär) des Deltas möglich.

Eine operative Buchhaltung dient lediglich als Datengrundlage für den dann losgelösten Steuerbearbeitungsprozess. Es wird dokumentiert und nicht gebucht. Rückwirkende Anpassungen auf Basis von Betriebsprüfungen (z. B. 5 Jahre rückwirkend auf die Abschreibung von Gebäuden) sind somit wesentlich einfacher handhabbar. Dieser Vorteil ist aber auch zugleich ein Nachteil im Hinblick auf Fehleranfälligkeit und Konsistenz.

Als zweite Möglichkeit, die gesetzlichen Anforderungen zu erfüllen, kann die Steuerbilanz auch in einem Buchhaltungssystem wie z. B. SAP dokumentiert, d. h. gebucht werden.

4.2 Gebuchte Handels- und Steuerbilanz

Mit dem SAP-System steht Ihnen bereits eine Buchhaltungssoftware für die doppelte Buchführung zur Verfügung. Somit können Sie in einem eigenen getrennten Bereich (Konten oder Ledger) Steuerbilanzwerte buchen und auswerten. Als Vorteile sind Nachvollziehbarkeit und Transparenz dieser Methode zu nennen. Auch werden viele Buchungen, z. B. aus der Anlagenbuchhaltung, automatisch auf Basis der Werte im Bewertungsbereich generiert. Eine Steuerbilanz bzw. steuerliche Gewinn- und Verlustrechnung auf Basis des bisherigen Beispiels müsste dann wie in Abbildung 4.3 aussehen.

Aktiva	Steuerbilanz		Passiva
Anlagevermögen		Eigenkapital	
Maschinen	100	Stammkapitel	25
		Jahresüberschuss	-25
Umlaufvermögen	80	Rückstellungen	
		Pensionsrückstellungen	15
		Sonstige Rückstellungen	25
		Verbindlichkeiten	140
	180		180

Steuer - Gewinn und Verlustrechnung	
Umsatzerlöse	+ 935
Aktivierte Eigenleistung	0
Materialeinsatz	-400
Personalaufwand	-290
Abschreibung	-100
Sonstiger Aufwand	-170
Jahresüberschuss	-25

Abbildung 4.3: Gebuchte Steuerbilanz

Die drei Bewertungsunterschiede (immaterielle VG, Pensionsrückstellungen und Drohverlustrückstellungen) dürfen hier aufgrund der gesetzlichen Vorgaben nicht gebucht werden. Neben einer verkürzten Bilanz spiegelt sich das in der GuV-Rechnung in den Positionen Aktivierte Eigenleistung, Personalaufwand und Sonstiger Aufwand wider. Es ergeben sich folgende Vorteile:

▸ Integrierte Dokumentation innerhalb des Buchhaltungssystems.

▸ Abstimmungsfehler werden aufgrund der doppelten Buchführung (Bilanz und GuV) ausgeschlossen.

Eine gebuchte Steuerbilanz bringt aber auch die folgenden Herausforderungen mit sich:

▸ Die teilweise komplexe Konfiguration des SAP-Systems.

▸ Zusätzlich muss die Buchhaltung steuerliches Wissen bezüglich der Geschäftsvorfälle haben – alternativ müsste die Steuerabteilung mit dem SAP-System arbeiten.

- Eine jeweils klare Identifikation und Klassifizierung (permanent/ temporär) der Abweichungen von Handels- und Steuerbilanz für eine Steuerlatenzrechnung gibt es im SAP-Standard ebenfalls nicht.
- Darüber hinaus bleibt die rückwirkende Korrektur von Wertansätzen auf Basis einer Betriebsprüfung problematisch.

Beispiel: Änderungen auf Basis von Betriebsprüfungen

Wenn Sie in der Anlagenbuchhaltung z. B. einen Wertansatz verändern wollen, der bereits fünf Jahre zurückliegt, dann wird es schwierig und umfangreich: Schwierig, weil Sie Perioden der Vergangenheit öffnen müssten und Werte für HGB, IFRS, US-GAAP auf keinen Fall verändert werden dürfen. Umfangreich, weil bei geänderten Abschreibungsbeträgen der Abschreibungslauf 12 (Monate) mal 5 (Jahre) = 60-mal gestartet werden müsste. Nicht zu vergessen sind die Saldenvorträge.

Unabhängig für welche Form der Dokumentation Sie sich entscheiden, potenzielle Problemfelder sind bei unterschiedlichen Bewertungsansätzen zwischen HGB und Steuerrecht zu erwarten. Auf diese wollen wir im nächsten Kapitel näher eingehen.

5 Potenzielle Problemfelder

Dort, wo es Bewertungsunterschiede zwischen Handels- und Steuerbilanz gibt, gilt es, aktive bzw. passive latente Steuern zu identifizieren und zu dokumentieren. Eine Betrachtung der Deltawerte bzw. eine komplette Buchung der Steuerbilanz bieten sich hier jeweils als Alternativen an. Problemfelder kann es darüber hinaus dann geben, wenn ausgehend vom Gesetzgeber die steuerliche Taxonomie mit Ihrem Kontenplan im Unternehmen nicht deckungsgleich ist. Hierzu sollen in den nächsten Abschnitten einzelne Bereiche der Bilanz- und Gewinn- und Verlustrechnung näher betrachtet werden.

5.1 Bilanz – Anlagevermögen

Das Anlagevermögen ist gemäß § 266 HGB in die folgenden drei Gliederungspunkte aufgeteilt:

► Immaterielle Vermögensgegenstände (IVG)

► Sachanlagen (SA)

► Finanzanlagen (FA)

Wirtschaftsgüter, die dem Unternehmen dauerhaft dienen, sind hier aufzuführen. Immaterielle Vermögensgegenstände wie z. B. Patente, Software etc. lassen sich unterteilen in:

► entgeltlich erworbene IVG und

► selbst geschaffene IVG.

Vor dem Inkrafttreten des Bilanzrechtsmodernisierungsgesetzes (BilMoG) durften nur die entgeltlich erworbenen immateriellen VG in der Handels- und Steuerbilanz angesetzt werden. Es gab keinen Bewertungsunterschied. Seit BilMoG bietet HGB § 248.2 ein Aktivierungswahlrecht und damit eine Annäherung an die internationalen Rechnungslegungsstandards IFRS bzw. US-GAAP. Das Aktivierungsverbot im Steuerrecht § 5.2 EStG bleibt bestehen, d. h. je nach Ausübung des

HGB-Wahlrechts entstehen passive latente Steuern. Weitere potenzielle Bewertungsunterschiede zwischen Handels- und Steuerrecht werden im Anlagevermögen zu latenten Steuern führen. Dieses betrifft die:

► Abschreibungsmethoden

► erhöhte steuerliche Sonderabschreibungen und

► Sonderposten mit Rücklageanteil.

Taxonomie: Selbst erstellte immaterielle Vermögensgegenstände

Die Taxonomie für die Steuerbilanz enthält, obwohl es hier im Steuerrecht ein Aktivierungsverbot gibt, einen Eintrag für „Selbst geschaffene gewerbliche Schutzrechte und ähnliche Rechte und Werte". Diese Positionen sind als Kannfeld zu verstehen und dienen der rechnerischen Prüfung der Bilanzdaten.

Das Anlagevermögen ist, im Gegensatz zum § 266 HGB, in der steuerlichen Taxonomie wesentlich feiner untergliedert. Aus einem Eintrag für „Technische Anlagen und Maschinen" resultieren beispielsweise die Bereiche

► Technische Anlagen

► Maschinen und maschinengebundene Werkzeuge

► Betriebsvorrichtungen

► Reserve- und Ersatzteile

► Geringwertige Wirtschaftsgüter (GWG)

► GWG-Sammelposten

► Sonstige technische Anlagen und Maschinen

Neben einem Definitions- und Abgrenzungsproblem zwischen den Begriffen „Technische Anlagen" und „Maschinen" brächte diese neue steuerliche Behandlung einen erheblichen Umstellungsaufwand in der SAP-Anlagenbuchhaltung mit sich. Diese Nebenbuchhaltung müsste ebenfalls viel feiner untergliedert sein, d. h. mehr Kontenfindungen als auch Anlageklassen vorhalten. Ein steuerlich ausgerichtetes SAP-Modul FI-AA müsste im Idealfall mit den Kontenfindungen (Anlageklassen) ausgestattet sein, die wir in Tabelle 5.1 dargestellt haben:

1110	IM VG – Fertige
1120	IM VG – In Entwicklung (im Bau)
1210	Entgeltlich erworbene IVG – Konzessionen
1220	Entgeltlich erworbene IVG – gewerbliche Schutzrechte
1230	Entgeltlich erworbene IVG – sonstige Rechte und Werte
1240	Entgeltlich erworbene IVG – EDV-Software
1250	Entgeltlich erworbene IVG – Lizenzen an Rechten und Werten
1310	Geschäfts- und Firmenwert
1410	Geleistete Anzahlungen (immaterielle VG)
2110	Grundstücke – unbebaut
2120	Grundstücke – grundstückgleiche Rechte ohne Bauten
2130	Grundstücke – mit Bauten
2140	Grundstücke – grundstückgleiche Rechte mit Bauten
2150	Bauten – auf eigenen Grundstücken und eigenem Boden und grundstücksgleichen Rechten
2160	Bauten – auf fremden Grundstücken und fremdem Boden
2210	Technische Anlagen & Maschinen – technische Anlagen
2220	Technische Anlagen & Maschinen – Maschinen und maschinengebundene Werkzeuge
2230	Technische Anlagen & Maschinen – Betriebsvorrichtung
2240	Technische Anlagen & Maschinen – Reserve- und Ersatzteile
2250	Technische Anlagen & Maschinen – GWG
2260	Technische Anlagen & Maschinen – GWG-Sammelposten
2310	Andere Anlagen
2320	Betriebsausstattung
2330	Geschäftsausstattung
2340	GWG
2350	Sammelposten

2360	Geschäfts- und Vorführwagen
2410	Geleistete Anzahlungen und Anlagen im Bau
2420	Geleistete Anzahlungen auf Sachanlagen
2430	Geleistete Anzahlungen und Maschinen im Bau
3110	Anteile an verbundenen Unternehmen
3210	Ausleihungen an verbundene Unternehmen
3310	Beteiligungen
3410	Ausleihungen an Unternehmen, mit denen ein Beteiligungsverhältnis besteht
3510	Wertpapiere des Anlagevermögens
3610	Sonstige Ausleihungen

Tabelle 5.1: Anlagenklassen

Hierbei spiegeln die ersten beiden Ziffern die Gliederungstiefe des § 266 HGB wider. Falls ein Unternehmen heute mit einem SAP-System mit einer kompletten Neueinführung („grüne Wiese") starten sollte und eine Steuerbilanz detailliert abbilden möchte, dann ist diese Gliederung sinnvoll. Ansonsten sollten Sie die Auffangpositionen im Anlagevermögen verwenden. Solange diese zugelassen sind, sparen Sie sich hier eine umfangreiche Änderung Ihrer Anlageklassen, den damit verbundenen Kontenfindungen als auch eine Erweiterung Ihres Kontenplans.

Taxonomie: Finanzanlagen

Finanzanlagen sind in der Taxonomie extrem fein untergliedert und werden in den Anlageklassen auf Basis § 266 HGB zurückgeführt. Probleme werden hier die „davon Positionen" in der Taxonomie machen. „Davon verbundene Unternehmen mit einem beherrschenden Verhältnis". Auch hier ist die Definition unscharf. Bedeutet ein beherrschendes Verhältnis Anteile >50 % oder eine vertragliche Beherrschung, unabhängig vom Anteil?

Unabhängig davon, wo und mit welchem Werkzeug Sie Ihre Steuerbilanz erstellen (in SAP oder außerhalb), das SAP-Anlagenmodul (FI-AA) bietet Ihnen einen perfekten Ort, um bereits Werte für die Handels- und Steuerbilanz zu trennen, zu errechnen und zwischen zu speichern. Bei SAP-

Kunden kann man heute in der betrieblichen Praxis zwischen drei Fällen in der Anlagenbuchhaltung unterscheiden:

Fall 1: FI-AA repräsentiert bisher ausschließlich HGB

In diesem Fall ist der Bewertungsbereich vielleicht mit dem Text „HGB" überschrieben, aufgrund der historischen Maßgeblichkeit (vor BilMoG) handelt es sich jedoch häufig auch um die steuerlichen Werte.

Eine klare Trennung vollziehen Sie, indem Sie im Customizing einen neuen Bewertungsbereich anlegen. Es folgt eine Altdatenübernahme in zwei Schritten. Bis zum Bilanzstichtag 31.12.2009 können Sie die HGB-Werte direkt in den neuen Steuerbereich kopieren. Da es sich hier um einen Zeitpunkt vor dem Inkrafttreten von BilMoG handelt, können Sie unter Ausübung des Bewertungswahlrechts diese analoge Kopie vornehmen. Danach könnte es Unterschiede für die Jahre 2010/2011 geben. Diese sind einzeln je Wirtschaftsgut mit der Steuerabteilung abzustimmen.

Fall 2: In FI-AA gibt es bereits die zwei Bewertungsbereiche HGB und Steuerrecht.

Wenn der steuerliche Bewertungsbereich bisher einfach mitgelaufen ist, dann wird dieser in der Regel identische Werte und Abschreibungsmethoden beinhalten. Trennen Sie die beiden Bewertungsbereiche, indem beispielsweise die AfA-Methoden nicht mehr vom Bewertungsbereich HGB in den steuerlichen Bereich kopiert werden. In der Regel ist es möglich, mittels Altdatenübernahme den korrekten steuerlichen Wertansatz widerzuspiegeln, indem lediglich ein geringer Anteil (etwa 5 %) der Wirtschaftsgüter korrigiert wird. Stellen Sie z. B. sicher, dass selbst erstellte immaterielle Wirtschaftsgüter im steuerlichen Bereich nicht aufgeführt werden.

Fall 3: In FI-AA gibt es die drei Bewertungsbereiche HGB, Steuer und eine Deltarechnung

Ist ein Deltabereich vorhanden, so ist das ein klares Indiz dafür, dass die Bewertungen schon auseinanderlaufen. Eine Trennung zwischen Handels- und Steuerrecht wurde in diesen Fällen bereits vollzogen.

5.2 Bilanz – Umlaufvermögen:

Das Umlaufvermögen der Bilanz gliedert sich in die drei großen Bereiche:

▸ Vorräte

▸ Forderungen und sonstige Vermögensgegenstände

▸ Wertpapiere

In der steuerlichen Taxonomie sind die Vorräte ähnlich detailliert wie im Handelsrecht (§ 266 HGB) darzustellen. Eine in SAP vorgenommene Bewertung der Roh-, Hilfs- und Betriebsstoffe der unfertigen als auch fertigen Erzeugnisse kann nach wie vor maschinell durchgeführt werden. Eine Anpassung der Kontenfindung wird i. d. R. nicht notwendig sein.

Latente Steuer aufgrund verschiedener Verbrauchsfolgeverfahren

Im Handelsrecht haben Sie nach wie vor das Wahlrecht, ob Sie bei den Verbrauchsfolgeverfahren die LiFo–Methode (Last in – First out) oder FiFo-Methode (First in – First out) verwenden, siehe § 256 HGB. Seit dem Inkrafttreten des BilMoG ist im Steuerrecht gemäß § 6.1.2a EStG LiFo als einziges Verfahren zulässig. Je nach Ausübung des Wahlrechtes und Preisentwicklung der Vorräte können somit aktive oder passive latente Steuern entstehen.

Die Bilanzbewertung im Modul SAP-MM schreibt die jeweiligen Stichtagsbewertungen in den Materialstammsatz zurück. Genauer gesagt stehen in der Buchhaltungsicht 2 dort 6 verschiedene Felder zur Wertspeicherung zur Verfügung, siehe Abbildung 5.1.

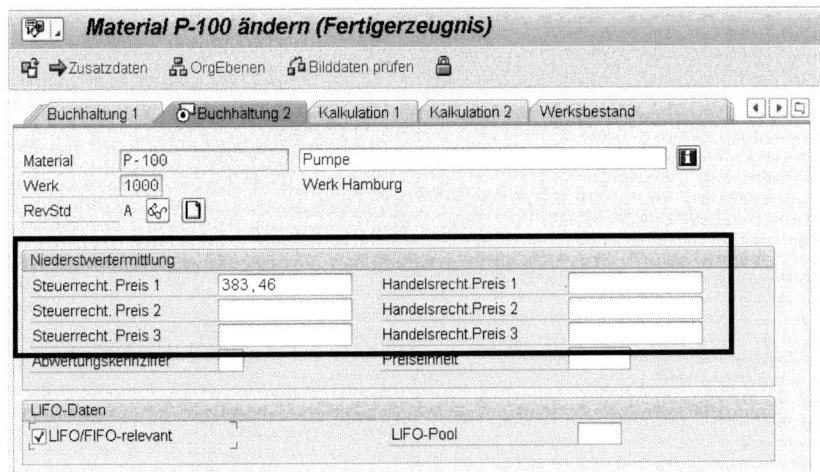

Abbildung 5.1: Materialstammsatz – Buchhaltungssicht 2

Danach werden mit der Transaktion MR09 die Bilanzwerte auf einzelne Konten oder falls das neue Hauptbuch eingerichtet ist, auch Ledger gebucht, siehe. Durch mehrfache Ausführung und damit mehrfache Buchung wird eine parallele Rechnungslegung ermöglicht, siehe Abbildung 5.2.

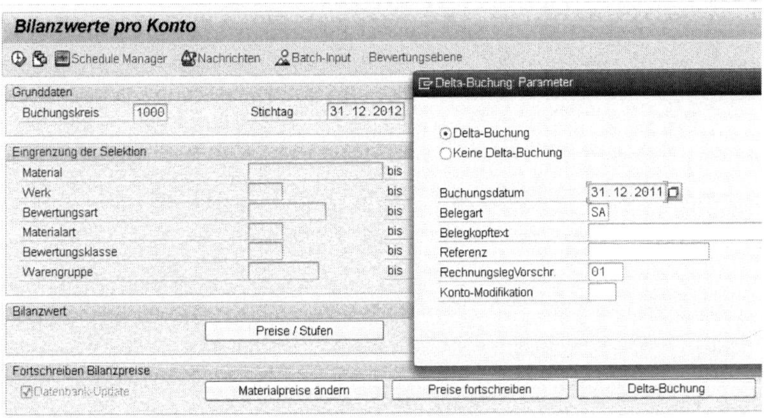

Abbildung 5.2: Bilanzwerte pro Konto

Im Gegensatz zu den Vorräten sind Forderungen gegenüber Gesellschaftern oder verbundenen Unternehmen, mit denen ein Beteiligungsverhältnis besteht, in der Taxonomie erneut sehr detailliert zu berichten. Dieser Sachverhalt könnte zu neuen SAP-Abstimmkonten in Ihrer Debitorenbuchhaltung führen. Auffangpositionen sind in diesem Bereich nicht zu erkennen.

Was die beiden Positionen „sonstige Vermögensgegenstände" und „sonstige Wertpapiere" angeht, so ist hier deutlich der Wille nach einem höheren Detaillierungsgrad und einer faktischen Abschaffung des Sammelbegriffs „Sonstiges" zu erkennen. Die Taxonomie kennt hier insgesamt 27 neue Positionen (19 Positionen für sonstige Vermögensgegenstände und 8 für sonstige Wertpapiere). Um die Konten korrekt bedienen zu können, wäre neben neuen Sachkonten auch steuerliches Know-how in der Finanzbuchhaltung gefragt. Glücklicherweise ist hier jeweils ein Sammelposten vorhanden.

5.3 Bilanz – Passivseite: Rückstellungen

Bisher gab es gemäß § 266 auf der Passivseite der HGB-Bilanz genau drei Gliederungspunkte für Rückstellungen:

▶ Rückstellungen für Pensionen und ähnliche Verpflichtungen

▶ Steuerrückstellungen

▶ Sonstige Rückstellungen

Rückstellungen für Pensionen und ähnliche Verpflichtungen werden neuerdings in einen kurz- und langfristigen Anteil differenziert. Als Grenze dient hier die Inanspruchnahme innerhalb bzw. außerhalb eines Jahres. Zusätzlich gibt es eine weitere Aufteilung in Verpflichtungen gegenüber Gesellschaftern oder nahestehenden Personen. Nicht zu vergessen ist das ebenfalls neu eingeführte Mussfeld „Rückstellungen für Zuschussverpflichtungen für Pensionskassen und Lebensversicherungen (bei Unterdeckung oder Aufstockung)".

Für die E-Bilanz müssen Sie auf Ebene der Sachkonten Rückstellungen detailliert manuell buchen. Die Taxonomie bietet Ihnen hierfür 27 Positionen an. Ändern Sie an dieser Stelle Ihre Kontierungslogik, gibt es eventuell darüber hinaus auch noch Anpassungen an Kontenfindungen, falls für die Abzinsung die SAP-Accrual Engine oder das Programm

SAPF107V (sonstige Bewertung) zum Einsatz kommen. Glücklicherweise gibt es auch hier eine Auffangposition für nicht zuordenbare Rückstellungen und ähnliche Verpflichtungen. Sollten Sie bisher Rückstellungen nicht so detailliert wie jetzt vom Gesetzgeber gewünscht gebucht haben, so ist eine Änderung des Buchungsverhaltens nicht erforderlich. Entsprechend gibt es auch keine Anpassungen am SAP-System vorzunehmen.

5.4 Gewinn und Verlustrechnung: Löhne und Gehälter

Die Kosten des Personalaufwands werden zumeist aus einem Personalabrechnungssystem in verdichteter Form in die Finanzbuchhaltung übertragen. Diese Maßnahme dient u.a. des Datenschutzes und der Geheimhaltung sensibler Gehaltsinformationen. Die Taxonomieanforderung differenziert hier unter dem Kontenpunkt Löhne und Gehälter die folgenden Mussfelder:

- ► Löhne für Minijobs

- ► Vergütung an Gesellschafter-Geschäftsführer

- ► Vergütung an angestellte Mitunternehmer §15 EStG

- ► Übrige nicht zuordenbare Löhne und Gehälter

- ► Davon Sachbezüge

- ► Davon freiwillige Zuwendungen

Besonders kritisch dürfte die Position der Gesellschafter Vergütung, für die ebenfalls noch ein Kontennachweis erwünscht wird, zu betrachten sein. I.d.R. gibt es von Unternehmensseite kein Interesse diese Daten so detailliert auf Konten in der Buchhaltung abzubilden. An dieser Stelle bietet die Taxonomie zwei Alternativen:

- ► Sie melden alle Informationen aggregiert, kumuliert ausschließlich auf der übergeordneten Ebene „Löhne und Gehälter". Entsprechend sind die Unterpositionen komplett mit dem technischen Wert „NIL" zu versehen.

- Sie melden detailliert, aggregieren aber verschiedene Sachverhalte in der Auffangposition „Übrige nicht zuordenbare Löhne und Gehälter". Somit sind die Gehälter der Gesellschafter nicht mehr direkt ersichtlich.

5.5 Gewinn und Verlustrechnung: Aufwendungen für bezogene Ware / Leistungen

Unabhängig ob Sie Waren oder Leistungen einkaufen, gemäß der Taxonomie sind diese Aufwandspositionen nach steuerlichen Sachverhalten zu differenzieren. Der Wareneinkaufskonten werden im SAP Kontext jedoch in der Praxis nicht wie folgt differenziert:

- Wareneinkauf zum Regelsteuersatz

- Wareneinkauf zum ermäßigten Steuersatz

- Innergemeinschaftiche Erwerbe

Das gilt ebenfalls für Leistungen, die in nicht bezüglich deren Steuerabzug oder Steuerbefreiung differenziert werden. Das trifft insbesondere nicht auf die Weiterverwendung als Kostenarten im Controlling zu. Hier spielen steuerliche Sachverhalte überhaupt keine Rolle. Eine Änderung der Kontenfindung und Buchungstechnik ist nicht notwendig. Glücklicherweise bietet die Taxonomie im Fall der Waren und Leistungen jeweils eine eigene Auffangposition „ohne Zuordnung nach Umsatzsteuertatbeständen" an. Deren Verwendung ist erlaubt und an dieser Stelle aufgrund der SAP Buchungslogik sehr sinnvoll.

6 Steuerbilanz im SAP-System

Zusätzlich zum HGB sind die International Financial Reporting Standards (IFRS) seit 2005 für börsennotierte Unternehmen für den Konzernabschluss verpflichtend. Ansatz und Bewertung von Geschäftsvorfällen nach IFRS erfolgen daher auf operativer Ebene, wo die Geschäftsvorfälle originär gebucht werden. Zusätzlich gelten weiterhin die HGB-Vorschriften auf der Ebene der Einzelabschlüsse. Seit dieser Zeit gibt es im SAP-System bei vielen Unternehmen Erfahrungswerte mit einer parallelen Rechnungslegung (HGB, IFRS, aber auch US-GAAP). Als weitere Dimension kommt jetzt die Steuerbilanz hinzu.

6.1 Vollständige oder Delta-Buchungen

Unabhängig vom SAP-Release gilt es im Konzept für eine parallele Rechnungslegung diese prinzipielle Frage zu klären. Unter vollständiger Buchungstechnik wird verstanden, dass alle Werte „doppelt" geführt werden. Das entspricht einer vollständigen Steuerbilanz. Delta-Buchungen fallen vom Charakter in die Rubrik der Überleitungsrechnungen. An dieser Stelle möchten wir nochmals erwähnen, dass Sie die Wahl haben, eine vollständige Bilanz oder Überleitungsleitungsrechnungen zu übertragen.

Als Beispiel dafür, wie Delta-Buchungen aussehen könnten, nehmen wir an, Ihr Unternehmen buche heute HGB-Werte und möchte in Zukunft mittels einer parallelen Rechnungslegung ebenfalls die Steuerbilanz abbilden. Die Kontenklassen 0-8 sind bereits belegt, und in der Klasse 9 könnte man eine Kategorie für Steuerkorrekturen und Anpassungsbuchungen mittels Deltatechnik durchführen. Das Reporting nach HGB umfasst die Kontenklassen 0-8, ein Reporting der Steuerbilanz die Klassen 0-9. Als kleines Beispiel nehmen wir eine Rückstellungsbuchung für Drohverluste, die nach HGB erlaubt und nach dem Steuerrecht verboten ist, siehe Abbildung 6.1.

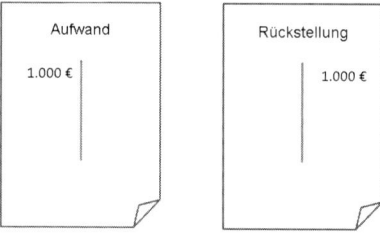

Abbildung 6.1: Rückstellungsbuchung für Drohverluste

Um der Steuerbilanz gerecht zu werden, muss diese Buchung neutralisiert werden. Man könnte hier auch auf den Gedanken kommen, die zuvor aufgestellte Reporting-Regel der Steuerkonten = HGB (0-8) + Delta (9) zu durchbrechen. Der erste Gedanke ist, einige Konten, die es im Steuerrecht nicht geben kann, nicht mit zu selektieren, d.h.,

Steuerbilanz = HGB (prinzipiell 0-8, aber einige nicht) + Delta (9)

Auch hier macht ein kleines Beispiel deutlich, dass dieser weitere Ansatz noch einiges an Problemen mit sich bringt. Bleiben wir bei den Rückstellungen. Diesmal geht es um Pensionsrückstellungen, die im Beispiel gemäß HGB-Wertansatz 1000 € betragen dürfen und nach Steuerrecht lediglich mit 600 € zu Buche schlagen. Basis hierfür ist das steuerliche Nachholverbot bei Pensionsrückstellungen. Bei der Delta-Buchungstechnik sehen die Buchungssätze wie folgt aus, siehe Abbildung 6.2.

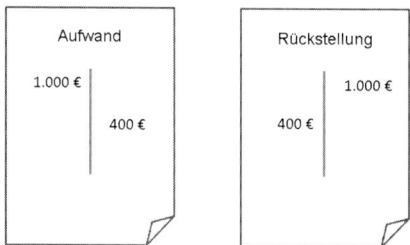

Abbildung 6.2: Steuerliche Anpassung der Rückstellungsbuchung

Da die IFRS-Buchung bei der Deltatechnik einen korrigierenden Charakter hat, sieht diese aus Buchhaltungssicht mit der Aufwandsposition in

Haben und einer Rückstellungsposition im Soll etwas seltsam aus. Außerdem lässt sich die steuerliche Rückstellung in Höhe von 600 € nur dann erklären, wenn man beide Buchungen betrachtet. Ein Betriebsprüfer muss beide Buchungs- und Bewertungsansätze gezeigt bekommen, um diese überhaupt verstehen und nachvollziehen zu können.

Insgesamt leidet beim Deltaverfahren die Nachvollziehbarkeit des ermittelten Deltas, da es sich über die Jahre kumuliert. In der Praxis gab es schon Fälle, bei denen einem sachverständigen Dritten innerhalb angemessener Zeit die Sachlage nicht transparent gemacht werden konnte.

Bei diesem Worst-Case-Szenario kann die Buchhaltung ihre Ordnungsmäßigkeit verlieren. Neben den manuellen Buchungen und der Anlagenbuchhaltung unterstützen die maschinellen SAP-Bewertungsprogramme außerdem die Technik der Delta-Buchungen nicht. Das Fazit ist an dieser Stelle eindeutig. Setzten Sie bei einer parallelen Rechnungslegung im SAP auf vollständige "doppelte" Buchungen (Full-Figure-Methode).

6.2 Konten- und Ledgerlösung

Für eine parallele Rechnungslegung kommt es im ersten Schritt darauf an, Bewertungsunterschiede zu identifizieren. Der Speicherort ist in einem zweiten Schritt zu evaluieren. Hierfür gibt es für SAP-Kunden zwei Optionen: Eine Kontenlösung und die Abbildungsmöglichkeit im neuen Hauptbuch. Beides sind gleichwertige Ansätze für eine Steuerbilanz im SAP-System. Das Gerücht, dass für eine Steuerbilanz unbedingt die Funktion „neue Hauptbuchhaltung" eingeführt werden muss, entbehrt jeglicher Grundlage. Wir wollen Ihnen an dieser Stelle die jeweiligen Vor- und Nachteile der zwei Speicherorte aufzeigen.

Abbildung über parallele Konten

Bei den meisten Unternehmen ist ein Kontenplan mit fünf- oder sechsstelliger Kontonummer im Einsatz. Da die SAP-Kontonummer aber bis zu zehn Stellen umfasst, ist eine Erweiterung von z. B. sechs auf sieben Stellen leicht möglich. Sind bereits zehn Stellen in Verwendung, kann die SAP SLO (System Landscape Optimization) bei einer Datenkonvertierung helfen.

Bleiben wir beim Szenario, bei dem Sie Ihren Kontenplan von sechs auf sieben Stellen erweitern. Jedem Konto wird somit intern die Ziffer 0 vorangestellt. Im ersten Augenblick ändert sich bei der Kontenfindung und dem manuellen Buchen zuerst einmal nichts. Es folgt eine Unterteilung der Konten in mehrere Kategorien. Bei den gemeinsamen Konten gibt es keine Bewertungsunterschiede nach HGB und Steuerrecht. Zu diesen zählen Forderungen, Verbindlichkeiten, Bankkonten und viele GuV-Aufwandskonten wie z. B. Stromkosten. Gibt es Bewertungsunterschiede, werden jeweils Steuer- und HGB-Konten angelegt, siehe Abbildung 6.3.

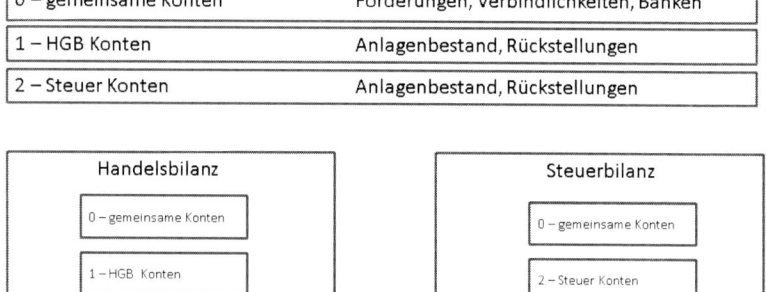

Abbildung 6.3: Schichtung über parallele Konten

In der Praxis werden Präfixe vor die jeweiligen Konten gestellt:

▸ 0 für gemeinsame Konten

▸ 1 für HGB-Konten

▸ 2 für Steuer-Konten

Für eine HGB-Bilanz werden die Kontenklasse 0, gemeinsame Konten, und die Kontenklasse 1, HGB-Konten, bei einer Auswertung innerhalb einer Bilanz- und GuV-Struktur gemeinsam dargestellt (siehe Abbildung 6.4). Alle übrigen Konten ergeben zusammen einen Saldo von Null. Buchungen von HGB-Konten direkt an Steuerkonten kann es betriebswirtschaftlich nicht geben, sie sind somit per Validierung auszuschließen.

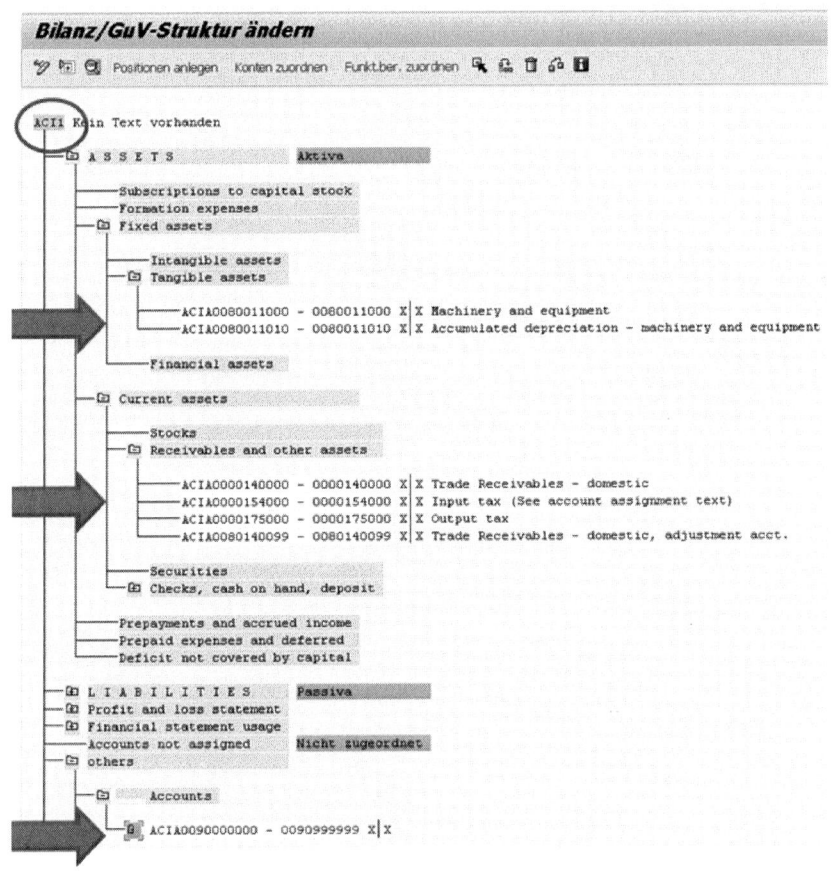

Abbildung 6.4: Bilanz- und GuV-Struktur

Für eine weitere Dimension mit dem Präfix 3 für z. B. US-GAAP ist ebenfalls noch Platz. Hier wird lediglich der Anteil an wirklich gemeinsamen Konten um einiges geringer.

Abbildung über parallele Ledger

Das neue Feld Ledgergruppe im Belegkopf entscheidet, welches Buch bei Buchungen gefüllt wird. Bei der Wertermittlung aus der Nebenbuchhaltung, z. B. Anlagenbuchhaltung, werden unterschiedliche Wertansätze pro Bewertungsbereich beziehungsweise Rechnungslegungsvorschrift ermittelt und in die jeweils zugeordnete Ledgergruppe des neuen Hauptbuchs übertragen. Beispielsweise wird in

Abbildung 6.5 exklusiv in das Ledger „L6 – HGB" gebucht". So können bei steuerlichen Rückstellungen identische Konten genutzt werden. Eine Wertetrennung erfolgt über Bücher (Ledger).

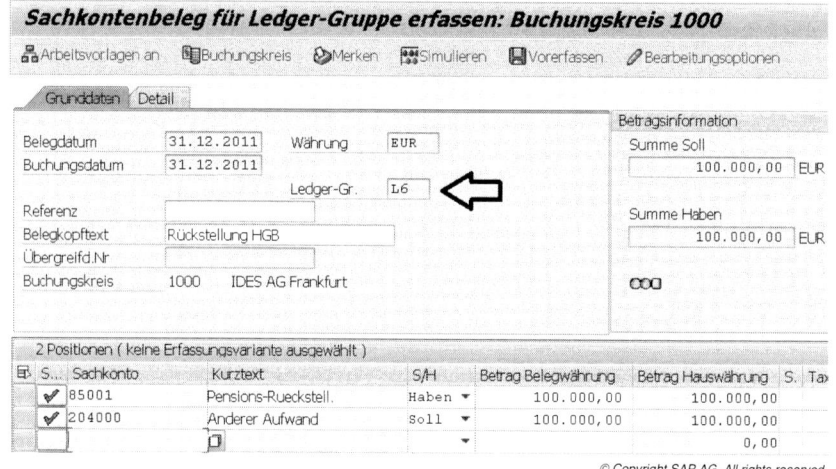

Abbildung 6.5: Bilanz- und GuV-Struktur

Im neuen Hauptbuch lassen sich mehrere Bücher parallel abbilden und durch eine einheitliche Buchungstransaktion (etwa FB50L) auch manuell mit Inhalten versorgen oder mit einem einheitlichen Reporting z. B. für die Bilanz und Gewinn- und Verlustrechnung (GuV, RFBILA10) auswerten. Wird das Feld Ledgergruppe nicht gefüllt, weil es sich um eine gemeinsame Buchung ohne Bewertungsunterschiede handelt, werden alle Ledger fortgeschrieben. Für spezielle Buchungen wie z. B. Rückstellungen ist anzugeben, welches der Ledger gefüllt werden soll.

6.3 Fazit

Im SAP-System können Sie Bewertungsunterschiede zwischen Handels- und Steuerbilanz mittels Delta- oder vollständigen Buchungen dokumentieren. Als transparentere von beiden Methoden sind vollständige Buchungen zu bevorzugen. Als Speicherort im SAP-System kommt die Konten- oder eine Ledgerlösung im neuen Hauptbuch in Frage. Beide Speicherorte sind hierbei gleichberechtigte Alternativen. Aufbauend auf diesen Informationen sollen im nächsten Kapitel verschiedene E-Bilanz-Lösungen näher betrachtet werden.

7 Softwarelösungen

Die Anforderungen der E-Bilanz werden sich ebenfalls in der IT-Landschaft der Unternehmen widerspiegeln. Geht es nach einer Umfrage von www.FICO-Forum.de, so warten ca. 50 % der Unternehmen auf eine SAP-Lösung im Rahmen der vereinbarten Softwarewartung. Ungefähr 20 % werden die E-Bilanz mittels Steuerberater abdecken. Bleiben knapp 30 % der Unternehmen, die sich bereits heute auf dem Markt der Softwareanbieter und Dienstleister nach Lösungsangeboten umsehen.

7.1 Lösungsangebot der SAP

Im Zusammenspiel mit dem SAP ERP werden 3 alternative Optionen geboten, das Thema E-Bilanz mit SAP umzusetzen. Eine vollumfängliche Lösung in Kombination mit SAP BusinessObjects Disclosure Management (Option 1), eine lokale PC-Lösung „SAP ERP Client Add-On für E-Bilanz" (Option 2) sowie die Möglichkeit, die relevanten Daten als Download-Extrakt außerhalb von SAP zu verarbeiten (Option 3).

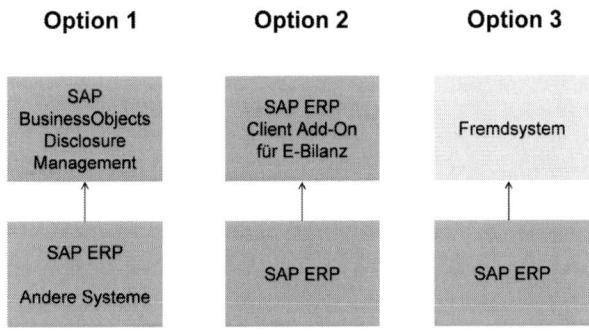

Abbildung 7.1: Geplante SAP-Lösungen für die E-Bilanz

Den Kern hierzu bilden Erweiterungen im SAP ERP. Diese Erweiterungen ermöglichen, die relevante Taxonomie als erweiterte Bilanz-/GuV-

Struktur automatisiert im SAP ERP einzulesen. Neben der Kerntaxonomie können Branchen- sowie Erweiterungstaxonomien geladen werden. Das automatisierte Anlegen mehrerer Strukturen und deren parallele Verwendung (unterschiedliche Buchungskreis-Kontenpläne) wird dabei ebenfalls unterstützt.

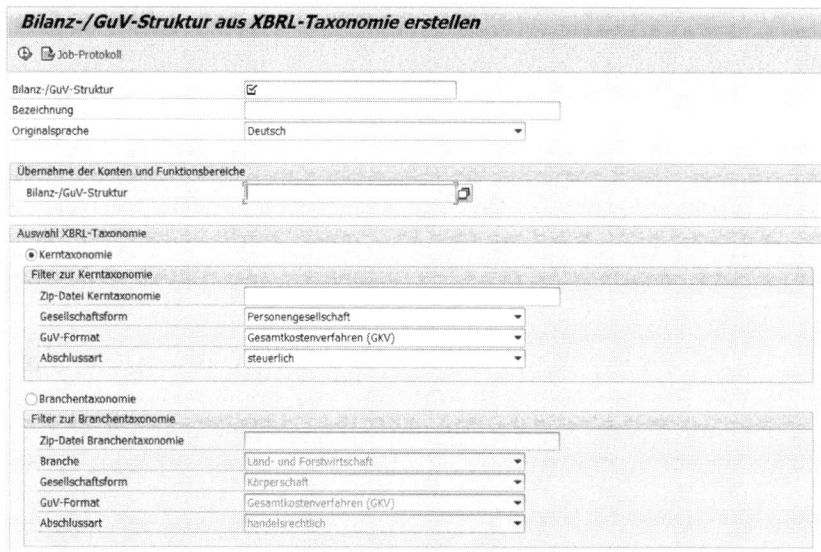

Abbildung 7.2: Erweiterung im SAP ERP

Durch das Einlesen der Taxonomie als erweiterte Bilanzstruktur werden die einzelnen XBRL-Tags bereits automatisch auf Positionsebene gespeichert. Der manuelle Aufwand für dieses sogenannte Tagging entfällt daher, da dies bereits vollständig im SAP ERP verfügbar ist. Bei einer anstehenden Erweiterung oder Aktualisierung der Taxonomie durch die Behörden ergibt sich hierdurch der Vorteil, dass das bestehende Konten-Mapping aus der bisherigen Struktur übernommen werden kann und der manuelle Aufwand für das Taxonomie-Update erheblich reduziert wird. Zudem steht ein Datenexport für „Mussfelder mit Kontennachweis erwünscht" zur Verfügung, der die komplette Kontenliste inkl. deren Salden beinhaltet.

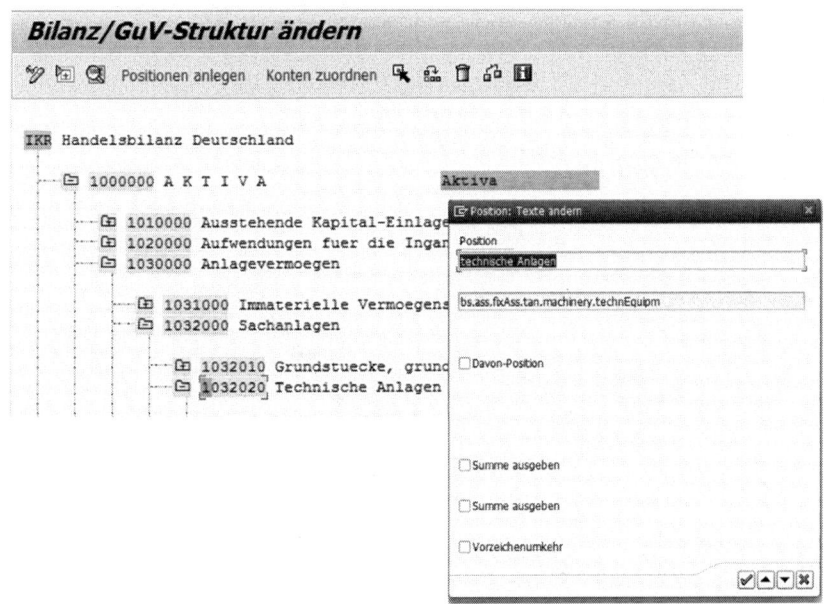

Abbildung 7.3: Bilanzstruktur für die E-Bilanz

Für die Stammdaten (GCD-Modul) plant SAP ein Stammdaten-Framework (Standard-Tabellen + Customer-Includes) im SAP ERP bereit zu stellen. Aufbauend auf diesen Erweiterungen im SAP ERP kann nun eine der eingangs erwähnten 3 Optionen für die weitere Umsetzung der E-Bilanz verwendet werden.

Option 1

Die Option 1 „SAP ERP in Verbindung mit SAP BusinessObjects Disclosure Management" stellt eine vollumfängliche Lösung dar, mittels derer nicht nur die E-Bilanz, sondern der gesamte Berichtsprozess (von der Datensammlung bis hin zum digitalen Jahresabschluss) durchgängig unterstützt wird. Dabei ist es gleichgültig, ob es sich hierbei um Geschäfts- und Lageberichte, Nachhaltigkeitsberichte oder elektronische Aufstellungen für Behörden im XBRL-Format handelt. SAP BusinessObjects Disclosure Management gewährleistet eine workflowgesteuerte, revisionssichere Zusammenarbeit über Teams, Hierarchieebenen, verschiedene Standorte, Systeme und verschiedene Datenquellen hinweg.

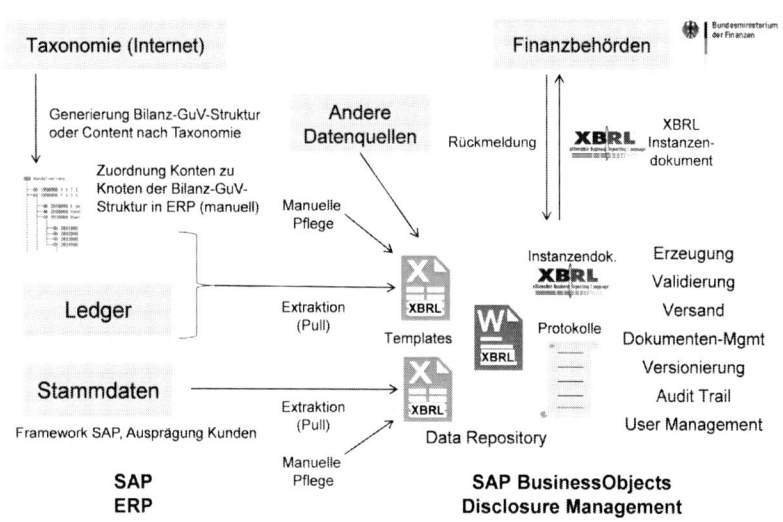

Abbildung 7.4: SAP Option 1 - SAP ERP und SAP Business Objects Disclosure Management

Im Anwendungsfall der E-Bilanz werden die relevanten Bewegungs- und Stammdaten in das SAP BusinessObjects Disclosure Management extrahiert. Hierbei können sowohl SAP ERP oder andere SAP- und Nicht-SAP-Datenquellen geladen werden. Somit können auch Gesellschaften, die kein SAP ERP im Einsatz haben, mit dem gleichen Verfahren einbezogen und bearbeitet werden. Die Daten werden dabei in einem taxonomiegerechten, vordefinierten Microsoft Excel-Template aufbereitet und sicher auf dem Server verwaltet. Zudem ermöglichen die vordefinierten Templates manuelle Anpassungen und die steuerliche Überleitungsrechnung durchzuführen, sofern im ERP-Vorsystem nicht bereits steuerbilanziell gebucht wird. Im Anschluss hieran erfolgt die Erzeugung des XBRL-Instanzendokuments (E-Bilanz-Datei). Die Elster Rich Client (ERiC) Komponente ist direkt integriert und nach erfolgreich durchgeführter Validierung erfolgt der Versand der Daten an die Finanzbehörden. Neben der revisionssicheren Speicherung aller Übertragungsprotokolle und erstellter E-Bilanz-Dateien wird darüber hinaus eine serverseitige Massenverarbeitung für mehrere Gesellschaften unterstützt. Das Disclosure Management kann sowohl für bereits vorhandene Meldeverfahren (z. B. E-Bilanz in Deutschland, HMRC-Filing in Großbritannien, SEC-Filing in USA usw.), als auch für zukünftige Meldepflichten verwendet werden.

Option 2

Die Option 2 „SAP ERP Client AddOn für E-Bilanz" ist als lokale PC-Komponente geplant und bezieht sich rein auf die E-Bilanz-Funktionalität. Die Extraktion der ERP-Daten und Aufbereitung in einem taxonomiegerechten, vordefinierten Microsoft Excel-Template sollen analog der Option 1 erfolgen, die Daten werden jedoch lokal gehalten. Zudem sind manuelle Anpassungen und eine steuerliche Überleitungsrechnung möglich.

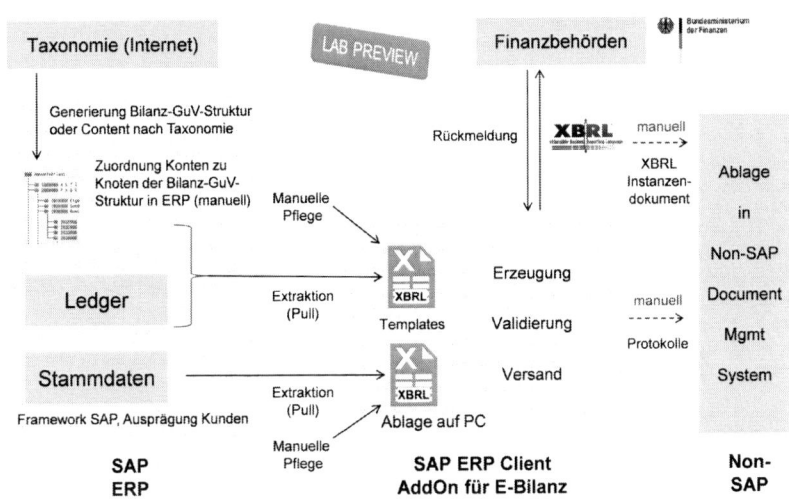

Abbildung 7.5: SAP Option 2 – SAP ERP und SAP ERP Client AddOn für E-Bilanz

Die Erzeugung des XBRL-Instanzendokuments, Validierung und Versand mit der ERiC-Komponente sollen ebenfalls im Client AddOn integriert werden. Die sichere Speicherung der E-Bilanz-Dateien und Übertragungsprotokolle obliegt dem Anwender bzw. Einsatz eines bereits vorhandenen Dokumentenmanagement-Systems. Die Revisionssicherheit/Audit Trail ist hierbei ebenfalls eigenständig zu lösen. Eine serverseitige Hintergrundverarbeitung mehrerer Gesellschaften sowie anderweitige Meldeverfahren (z. B. XBRL-Filings im Ausland usw.) werden nicht unterstützt.

Option 3

Die Option 3 bietet SAP Nutzern die Möglichkeit, die relevanten SAP ERP Bewegungs- und Stammdaten in eine Microsoft Excel-Datei zu laden. Je nach Buchungsverfahren können in einem Fremdsystem die steuerliche Überleitungsrechnung sowie die E-Bilanz-Funktionalität (Erzeugung des XBRL-Instanzendokuments, Validierung und Versand via ERiC) durchgeführt werden.

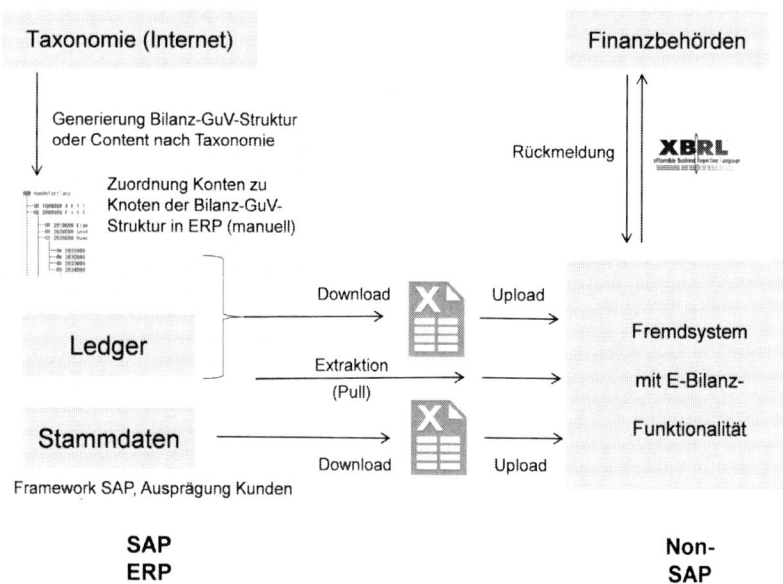

Abbildung 7.6: SAP Option 3 – SAP ERP + Fremdsysteme

Roadmap

Nach aktuellem Stand ist das SAP ERP Gesellschaftsdaten-Framework sowie die unter Option 2 beschriebene Lösung „SAP ERP Client AddOn für E-Bilanz" für eine mittelfristige Auslieferung geplant. Weitere vordefinierte Microsoft Excel-Templates sollen sukzessive zur Verfügung gestellt werden.

Kontakt

Markus Kusch-Matzek, SAP Deutschland

http://www.sap.de/ebilanz

7.2 Übersicht der Drittanbieter

Der Markt für Softwareprodukte zur Unterstützung bei der E-Bilanz ist mittlerweile stark gewachsen. In der folgenden Liste stellen wir in alphabetischer Reihenfolge alle Produkte dar, die uns aktuell bekannt sind. Wir erheben damit keinen Anspruch auf Vollständigkeit.

- ABZ Reporting GmbH

http://www.abz-reporting.com/german/produkte

- ADDISON Jahresabschluss
http:// www.addison.de

- AvenDATA GmbH

http://www.ebilanz-kit.de/

- adept consult AG - adi5!

http://www.adept-consult.de/Deutsch/SteuernFinanzen/adi5EBilanz.aspx

- Audicon GmbH
http://www.audicon.net/produkte/e-bilanz-loesung

- ANUBO E-Bilanz Server
http://e-bilanz-server.anubo.com

- Convista Consulting AG

http://www.convista.com/#/de/ConVista-ConsPrepTax

- cs:Plus
http://www.cs-plus-gmbh.de

- DATEV
www.datev.de/e-bilanz

- hsp Handels-Software-Partner GmbH

http://www.archivierungspflicht.de/de/produkte/optitax.html

- IKOR Products GmbH

http://www.taxor.info

- Infolog GmbH

http://www.infolog.de/de/standardsysteme/e-bilanz.html

- KPMG-Taxometer
  http://www.kpmg.de/Themen/22898.htm
- LiNKiT

http://linkit-consulting.de/pdf/LiNKiT-eBilanz-Tool.pdf

- Lynx Consulting Group

http://www.lynx.de

- Plaut

http://www.plaut.com/fileadmin/plaut/content/Management-Business-Consulting/Finance-Controlling/ebilanz/Plaut_eBilanz.pdf

- PWC – Smart Tax

http://www.pwc.de/de/rechnungslegung/assets/10_Min_BilMog_12s.pdf

7.3 TAXOR Steuerbilanz – mit E-Bilanz

Die Softwarelösung „TAXOR Steuerbilanz" der Fa. IKOR Products GmbH bietet einen alternativen Weg zur Erstellung der E-Bilanz. Im Frühjahr 2011 wurde die Integrierbarkeit dieser Software in SAP seitens der SAP AG zertifiziert.

Übersicht

Während reine E-Bilanz-Lösungen auf einer extern fertiggestellten Steuerbilanz auf der HGB-Struktur aufsetzen, beginnt der Bearbeitungsprozess in der Software TAXOR bereits mit der Erstellung der Steuerbilanz. So ist diese Software auch ursprünglich entstanden, um Unternehmen eine in SAP integrierbare Lösung zur Erstellung der Steuerbilanz zu bieten.

Die E-Bilanz wiederum entspricht inhaltlich der Steuerbilanz, aufgestellt nach einem speziellen Gliederungsschema, der Steuertaxonomie. Die Software wurde um die erforderlichen Funktionalitäten für die Erstellung und den elektronischen Versand der E-Bilanz ergänzt, sodass die Lösung heute den Gesamtprozess in einem einheitlichen Werkzeug abbildet.

> **TAXOR Steuerbilanz stellt dabei nur ein Modul der Gesamtlösung dar**
>
> Weitere Module der Software setzen auf TAXOR Steuerbilanz auf und beinhalten die Abbildung der Folgeprozesse in der Steuerbearbeitung wie Steuerberechnung, Steuererklärung und Berechnung latenter Steuern. Mit der einheitlichen Abbildung der Steuer- und E-Bilanzerstellung in einer Anwendung sollen bestimmte Probleme vermieden und gelöst werden, die sich bei Erstellung von Steuerbilanzen in Buchungssystemen naturgemäß ergeben.

Probleme bei der Abbildung der Steuer- und E-Bilanz in Buchungssystemen

Im Bereich der Steuerbilanzen/E-Bilanzen ist das Vorhalten zahlreicher Versionen pro Geschäftsjahr erforderlich, z. B. eine Version zum Jahresabschluss, eine für den steuerlichen Abschluss, eine oder mehrere für Anpassungserklärungen und häufig verschiedene weitere zur Dokumentation von Betriebsprüfungsergebnissen oder zur Dokumentation diver-

ser Planungs- und Simulationsrechnungen. In Buchungssystemen können über noch nicht anderweitig belegte Sonderbuchungsperioden eine
begrenzte Anzahl von Versionen erzeugt werden. Dies ist in der Regel
jedoch nicht ausreichend. In TAXOR kann der Anwender beliebig viele
Versionen pro Geschäftsjahr erstellen und speichern.

Die Abbildung von Betriebsprüfungsauswirkungen und deren maschinelle Übernahme in die Folgejahres-Steuerbilanzen bedingt bei der
Buchungsmethode (Steuerbilanz wird im operativen System gebucht),
dass in bereits abgeschlossene Geschäftsjahre Buchungen abgesetzt
werden. Häufig gibt es vor allem bei den Anlagennebenbüchern zeitlich
nur eingeschränkte Möglichkeiten, rückwirkend zu buchen. Zudem müssen diese rückwirkenden Änderungen zu entsprechenden Anpassungen
der Folgejahres-Steuerbilanzen führen, um den Bilanzzusammenhang
zu wahren.

Das ist aufgrund kaskadierender Saldenvorträge in Buchungssystemen
häufig manuell zu steuern. Die Software TAXOR begegnet diesen Problemen, indem sie rückwirkende Änderungen in den Steuerbilanzen und
deren maschinelle Übernahme in Folgejahres-Steuerbilanzen als regulä-
re Bearbeitungsprozesse vorsieht.

Mit der Buchungsmethode werden erfolgswirksame Abweichungen unmittelbar in einer Steuer-GuV fortgeschrieben, so auch in TAXOR. Bei
der Buchungsmethode fehlt jedoch die gleichzeitige und explizite Fort-
führung des steuerlichen Mehr- bzw. Minderkapitals. Dieses kann naturgemäß aus Vergleichen des Vorjahreseigenkapitals zwischen Handelsbilanz (HB) und Steuerbilanz (StB) sowie des Jahresüberschusses
zwischen HB und StB ermittelt werden und bedingt daher bei der
Buchungsmethode separate Aufzeichnungen. TAXOR schreibt neben
der Steuer-GuV auch das bilanzsteuerliche Mehr- bzw. Minderkapital
differenziert nach Vorjahren und aktuellem Jahr maschinell fort.

Bei der Abbildung von Steuerbilanzen und damit E-Bilanzen in operativen Buchungssystemen existiert derzeit keine Möglichkeit, ertragsteuer-
liche Organschaftsverhältnisse automatisiert zu berücksichtigen. So führen steuerliche Mehrergebnisse durch noch aktive Abweichungen aus
vororganschaftlicher Zeit bei Organgesellschaften zu entsprechenden

Ansätzen bei der Position „Beteiligungen" (oder „verbundene Unternehmen") in der Steuerbilanz des Organträgers.

Andererseits führen bilanzsteuerliche Abweichungen bei Organgesellschaften, die ihren Ursprung in organschaftlicher Zeit haben, zum Ansatz entsprechender Ausgleichsposten in der Steuerbilanz des Organträgers. TAXOR sieht alle erforderliche Wertübertragungen von den Organgesellschaften an den Organträger und damit den entsprechenden Ansatz der besagten Posten in der Bilanz des Organträgers maschinell vor.

Sonder- und Ergänzungsbilanzen

Grenzen der Buchungsmethode werden auch offenbar, wenn es um die Abbildung von Sonder- und Ergänzungsbilanzen von Mitunternehmern von Personengesellschaften geht. Die im Rahmen der E-Bilanz geforderten Detailinformationen bedingen eine vollständige Führung der Sonder- und Ergänzungstatbestände in den Bilanzen sowie die umfassende Kapitalkontenführung für die Mitunternehmer. TAXOR hält spezielle Erfassungsmasken und Funktionen vor, die eine vollständige automatisierte Befüllung der E-Bilanz-Berichtsdateien mit den Daten zu Ergänzungsbilanzen sowie zur Kapitalkontenentwicklung unmittelbar in der Softwarelösung erlauben. Sonderbilanzen werden bis Ende 2011 in die Software aufgenommen.

Steuerbilanzielle Abweichungen führen zum Ansatz latenter Steuern, sofern sie temporärer Natur sind. Die Entwicklung derartiger Abweichungen über mehrere Jahre hinweg auf Einzelsachverhaltsebene ist zwingend zu historisieren. Werden steuerbilanzielle Abweichungen wie bei der Buchungsmethode abgebildet, wird eine derartige Wertentwicklungsreihe nicht aufgezeichnet, da die Buchungen bezogen auf einen Sachverhalt für verschiedene Jahre nicht systemseitig in einen Zusammenhang gebracht werden. Der Abweichsachverhalt selbst ist eben bei der Buchungsmethode kein Objekt, das im Zeitablauf fortgeschrieben wird. Daher wird in diesen Fällen stets die Führung externer Verzeichnisse – meist Excel-Dateien – für diese Zwecke erforderlich. In TAXOR ist die einzelne steuerbilanzielle Abweichung hingegen ein Objekt mit eigener Nummer, welches über ihre gesamte Lebensdauer unter dieser Nummer fortgeschrieben wird. Daneben werden sämtliche relevante Informationen zu den Abweichungen für Nachfolgearbeiten unmittelbar an den Abweichungen festgehalten, beispielsweise Daten zur Ermittlung der latenten Steuern oder die Daten für das gesonderte Verzeichnis.

Empfohlenes Vorgehen mit TAXOR

Die aufgezeigten Probleme bei Buchung der Steuerbilanz im operativen System sollen ausdrücklich kein Plädoyer dafür sein, darauf zu verzichten, steuerlich aufbereitete Informationen im operativen System so weit wie möglich mitzugeben. Das Fazit lautet vielmehr, dass ein Buchungssystem nicht vollständig den Anforderungen an die Erstellung und versionierte Führung einer Steuerbilanz und damit der E-Bilanz gerecht werden kann. Es ist jedoch sinnvoll, all jene steuerlich relevanten Informationen bei der Buchung mitzugeben, soweit sie bei Kontierung in der Finanzbuchhaltung bekannt sind. Beispiele hierfür sind:

- Die Buchung von steuerlich nicht ansetzbaren Rückstellungen auf separate Hauptbuchkonten

- Die Einrichtung eines steuerlichen Bewertungsbereiches im SAP FI-AA oder SAP FSCM

- Führung steuerlicher Beteiligungsansätze auf separaten Steuer-Konten

- Mitgaben von Umsatzsteuer- und Vorsteuerkennzeichen als Beleginformation bei Bebuchung von Aufwands- und Ertragskonten

Unabhängig davon, ob Kontenplanmethode, neues Hauptbuch oder Mitgabe von steuerlich relevanten Daten als Beleginformation: Wichtig für die maschinelle Aufbereitung von Steuer- und E-Bilanz ist einzig, dass die steuerlich relevanten Detailinformationen im Buchungssystem hinterlegt werden. Dann sind sie beispielsweise für TAXOR auslesbar und können zur maschinellen Aufbereitung der Steuer- und E-Bilanz herangezogen werden. Der hierfür häufig erforderliche Know-how-Transfer von der Steuerabteilung hin zur Finanzbuchhaltung ist quasi eine Investition der Steuerabteilung, um ihre eigenen Prozesse sukzessive effektiver zu gestalten. Zudem kann auch nur auf diesem Weg die Vielzahl der manuellen Ergänzungen und Eingriffe zur Befüllung der detaillierten Steuertaxonomie reduziert werden.

Prozessablauf in TAXOR – Bereitstellung handelsbilanzieller Werte

Die Bearbeitung in TAXOR startet mit dem Laden der handelsbilanziellen Daten aus dem operativen System. Als Möglichkeiten steht hierfür ein

Upload aus SAP oder aus Excel zur Verfügung. Hierbei wird dem Anwender ein Selektionsbild angeboten, welches mit dem Selektionsbild des SAP-Bilanzreports RFBILA00 vergleichbar ist. Im Ergebnis sind die geladenen handelsbilanziellen Daten (Saldenliste, HB und GuV) in Importprotokollen in TAXOR revisionssicher nachvollziehbar. Ein Abbild der importierten Handelsbilanz in der klassischen HGB-Struktur auf Hauptbuchkontenebene (wie sie aus dem SAP-System oder aus Excel geladen wurde) bildet den Aufsatzpunkt der eigentlichen Bearbeitung in dem System. In diesem Abbild der geladenen Handelsbilanz können bei entsprechender Customizing-Einstellung Änderungen in der Struktur und in den Salden vorgenommen werden, soweit sie für die anschließende Überleitung zur Steuerbilanz benötigt werden. Derartige Anpassungen können beispielsweise notwendig werden, wenn das System auch für vorgesehene Planungs- und Simulationsrechnungen genutzt werden soll.

Steuerbilanzerstellung

Auf der gegebenenfalls noch abgeänderten Handelsbilanz in klassischer HGB-Struktur erfolgt im nächsten Schritt die Überleitung zur Steuerbilanz. Die steuerbilanziellen Werte auf Hauptbuchkontenebene werden zunächst mit den handelsrechtlichen Salden vorbelegt. Der Anwender definiert nun auf Hauptbuchkontenebene – durch Anlage beliebig vieler Abweichsachverhalte pro Hauptbuchkonto – die Abweichungen zwischen Handelsbilanz und Steuerbilanz. Die erfassten Daten zu den Abweichungen auf Sachverhaltsebene führen zu einer automatischen Anpassung des Steuerbilanzsaldos des jeweiligen Hauptbuchkontos sowie zum Ausweis der Gesamtabweichung (StB- abzüglich HB-Ansatz) und Gewinnauswirkung pro Hauptbuchkonto in der Erfassungsmaske zur Steuerbilanzerstellung. Gleichzeitig wird bei erfolgswirksamen Abweichungen die im Eigenkapital angesiedelte Position „Steuerliches Mehr-/ Minderergebnis laufendes Jahr" jeweils fortgeschrieben. Wird die Abweichung hingegen als erfolgsneutral gekennzeichnet, erfolgt eine automatische Fortschreibung der Steuerbilanz in einem Korrekturposten innerhalb der anderen Gewinnrücklagen.

Abweichungen sind eindeutig bestimmbar und nachvollziehbar

Jeder Abweichsachverhalt (häufig auch Deltaposten genannt) erhält bei Anlage eine automatisch generierte interne Nummer, die er über seine gesamte Lebensdauer behält. So sind die Abweichungen jeweils über alle relevanten Veranlagungsjahre eindeutig bestimmbar und in ihrer gesamten Entwicklung nachvollziehbar. Für den Fall, dass mehrere gleichartige Abweichsachverhalte im Bestand eines Hauptbuchkontos auftreten, sieht die Software eine Kopierfunktion vor.

Ausgehend von der Überlegung, dass dem Anwender bei Anlage einer Abweichung sämtliche Informationen vorliegen, ist in TAXOR vorgesehen, sämtliche sonstige Informationen (neben HB-und StB-Wert) zu dieser Abweichung mitzugeben, soweit sie für Folgearbeiten benötigt werden. Konkret können an der Abweichung folgende Informationen hinterlegt werden:

HB- und StB-Werte für die Folgejahre für diesen Abweichsachverhalt, sofern diese bereits bekannt sind. Beispielsweise kann bei einer handelsrechtlich und steuerrechtlich abweichenden Nutzungsdauer des Geschäftswertes bereits zum Zeitpunkt der erstmaligen Erfassung die komplette handels- und steuerrechtliche Wertentwicklungsreihe durch den Anwender angegeben werden. Werden für eine Abweichung solche künftigen Werte gepflegt, dann belegt die Software bei der Bearbeitung der Folgejahre die dann zutreffenden Werte in den Abweichungen entsprechend vor. Der Anwender reduziert seinen Aufwand auf eine einmalige Erfassung der Abweichung zum Zeitpunkt des Entstehens und spart sich die Aufgabe, in den Folgejahren die betreffende Abweichung auf die aktuellen Werte zu pflegen.

Soweit die **Abweichung** aus der Inanspruchnahme eines steuerlichen Wahlrechtes resultiert, ist das betreffende Wirtschaftsgut in ein Gesondertes Verzeichnis gemäß § 5 Abs. 1 S. 2 EStG mit bestimmten Angaben aufzunehmen. Die hier geforderten Angaben können – soweit der Tatbestand erfüllt ist – unmittelbar an der Abweichung gepflegt werden. TAXOR sieht basierend auf diesen vom Anwender hinterlegten Angaben die automatische Generierung des Gesonderten Verzeichnisses vor.

Sofern das bearbeitete Unternehmen Organgesellschaft eines ertragsteuerlichen Organkreises ist (= entsprechende Hinterlegung in den Unternehmensstammdaten der Software), kann eine **vororganschaftliche**

Abweichung als solche gekennzeichnet werden. Derartige Abweichungen führen dann in TAXOR zu einer maschinellen Wertübertragung eines ggf. resultierenden Mehrergebnisses in die Steuerbilanz des Organträgers im Beteiligungsansatz. Stammt die Abweichung hingegen aus organschaftlicher Zeit, werden maschinell an die Steuerbilanz des ebenfalls in TAXOR bearbeiteten Organträgers entsprechende aktive oder passive steuerliche Ausgleichsposten von der Organgesellschaft weitergegeben.

In den Daten zu erfolgswirksamen Abweichungen können die **GuV-Konten** mit den entsprechenden Werten angeben werden, die durch die steuerbilanzielle Abweichung betroffen sind. Auf Basis dieser Angaben schreibt die Software die ebenfalls bereitgestellte Handels-GuV zu einer Steuer-GuV automatisch fort.

Optional, bei Nutzung des Moduls **Latente Steuern**, kann bei Anlage der Abweichungen auch durch den Anwender mitgegeben werden, wie die Abweichung hinsichtlich der Berechnung der Latenten Steuern zu behandeln ist, d. h. die Qualifizierung in permanenter oder temporärer Natur sowie die Differenzierung zwischen erfolgswirksamen und erfolgsneutralen Abweichungen. Die im TAXOR-Modul Latente Steuern durchgeführte maschinelle Berechnung der latenten Steuern auf steuerbilanzielle Abweichungen erfolgt unmittelbar auf Basis dieser an den Abweichungen gepflegten Angaben.

Letztlich stehen auf Abweichsachverhaltsebene **Notizfelder** mit differenzierten Berechtigungszugriffen zur Verfügung.

Im Ergebnis der vorstehenden Arbeiten ist die Steuerbilanz inklusive Steuer-GuV auf HGB-Struktur in TAXOR erstellt. Diese bildet die Ausgangsbasis für den nächsten Bearbeitungsschritt in der Anwendung, der Erstellung der E-Bilanzerstellung.

Erstellung der E-Bilanz

Die fertiggestellte Steuerbilanz auf HGB-Struktur wird abschließend in der Anwendung maschinell auf die Steuertaxonomie überführt. Voraussetzung ist, dass in der Software bereits das Mapping der Hauptbuchkonten zu den XBRL-IDs vorhanden ist. Hierzu bietet TAXOR dem Anwender drei verschiedene Wege:

1. Erstellung des Mappings in Excel anhand eines von der Firma IKOR bereitgestellten Excel-Sheets

2. Vornahme des Mappings innerhalb der Anwendung

3. Verwendung eines in der Anwendung bereits bestehenden Mappings von einem anderen bearbeiteten Unternehmen, welches den gleichen Kontenplan sowie die gleiche Taxonomie nutzt

Erstellung des Mappings in der Anwendung

Hierzu werden die aus SAP geladenen Konten in einer Anwenderober-fläche, der sogenannten Kontenliste, aufgelistet. Wählt der Anwender ein Konto zwecks Zuordnung aus, öffnet sich die XBRL-Struktur. Dort muss die zutreffende XBRL-Position mit einem weiteren Klick ausgewählt wer-den. Damit ist die Zuordnung des Kontos erfolgt. In der Kontenliste wird das Konto als zugeordnet gekennzeichnet und seine XBRL-Position in Klarschrift angezeigt. Ein Zähler in der Kontenliste zeigt dem Anwender die Anzahl der bereits zugeordneten Konten sowie die Anzahl der insge-samt geladenen Konten an.

Ein einmal in der Software – über die Anwenderoberfläche oder über Excel-Upload – definiertes Mapping für ein Unternehmen wird versioniert pro Unternehmen und Veranlagungsjahr gespeichert. Dieses wird in der Bearbeitung des Folgejahres in TAXOR als Vorlage bereitgestellt. In den Folgeperioden ist über die beschriebene Anwenderoberfläche durch den Anwender das Mapping nur noch anzupassen, sofern neue Konten hin-zugekommen sind, Fehlzuordnungen korrigiert werden müssen oder Taxonomieänderungen nochmalige Deltaanpassungen erforderlich ma-chen.

Werden in TAXOR mehrere Unternehmen mit gleichem Kontenplan be-arbeitet, dann sind die notwendigen Anpassungen des Mappings in den Folgejahren wiederum nur für ein Unternehmen vorzunehmen. Für alle anderen Unternehmen mit gleichem Kontenplan und gleicher Steuerta-xonomie kann das angepasste Mapping als Vorlage kopiert werden. Derzeit führt TAXOR nur die Allgemeine Taxonomie. Nachdem am 14.09.2011 die Branchentaxonomien nunmehr amtlich veröffentlicht wurden, erfolgt deren Aufnahme in die Software.

Wechsel der Steuerbilanz in HGB-Struktur auf Steuertaxonomie

Der eigentliche Wechsel der Bilanz- und GuV-Struktur auf die Steuer-taxonomie erfolgt über einen Funktionsbutton. Nach Ausführen dieser Anwendungsfunktion werden die in TAXOR geführte Handelsbilanz, GuV, Steuerbilanz und Steuer-GuV nun in der Steuertaxonomie aufbe-reitet angezeigt. Im Ergebnis ist damit zunächst nur eine abweichende Bilanz- und GuV-Struktur zur Bilanz- und GuV-Aufbereitung gewählt und angewandt worden.

Allein über die Zuordnung der Hauptbuchkonten wird jedoch noch nicht die abschließende und vollständige Befüllung der Musspositionen der Steuertaxonomie gelingen. Vielmehr ist diese Rohform der Bilanz und GuV nach Steuertaxonomie (Rohform der E-Bilanz) durch den Anwender an verschiedenen Stellen final aufzubereiten. Gründe dafür sind u. a.:

▸ Bestimmte einzeln in der Steuertaxonomie auszuweisende Be-stände werden in der Finanzbuchhaltung nicht auf separaten Hauptbuchkonten geführt. Manche Konten enthalten damit Misch-bestände, die teils unterschiedlichen Positionen in der Steuertaxo-nomie zuzuordnen sind. Populärstes Beispiel sind hier die Um-satzerlöse, differenziert nach Umsatzsteuersatz.

▸ Bestimmte Informationen werden häufig in der Finanzbuchhaltung als solche nicht geführt, beispielsweise die Kapitalkontenentwick-lung bei Personengesellschaften.

▸ Etliche Muss-Informationen der Taxonomie werden erst im Rah-men der steuerlichen Bearbeitung bekannt, z. B. der getrennte Ausweis der Erträge aus Auflösung des Sonderpostens mit Rück-lageanteil nach der Vorschrift, die dessen Bildung zugrunde lag.

Damit ergibt sich die Notwendigkeit im Rahmen der finalen Aufbereitung der E-Bilanz, noch Mischbestände auf Konten in entsprechende Teilbe-träge aufzulösen und korrekt in der Struktur zuzuordnen. Dies kann in TAXOR über einfaches Einfügen und Verschieben der Teilbestände, d. h. der neuen Kontozeile per Drag & Drop, manuell geschehen. Alternativ kann eine maschinelle Aufsplittung von Kontensalden in relevante Teil-bestände durch die Software vorgenommen werden. Voraussetzung hierfür ist, dass die relevante Information für die Aufsplittung des Mischbestandes in SAP an irgendeiner Stelle hinterlegt ist, z. B. als sonstige Beleginformation. So werden beispielsweise regelmäßig bei Buchungen von Aufwendungen und Umsatzerlösen die Vorsteuer- bzw. Umsatzsteuerschlüssel mitgegeben. Damit liegt systemseitig die Information zur Aufteilung der betreffenden Aufwands- und Ertragskonten nach angefallener Vorsteuer/Umsatzsteuer vor. Im kundenspezifischen Customizing der Software werden die in SAP definierten Vorsteuer- und Umsatzsteuerschlüssel sowie die zugehörigen XBRL-IDs mitgegeben. In TAXOR können daraufhin die Mischbestände durch Auslesen der Beleginformationen aus SAP aufgelöst werden. Mit dieser Information kann die Software separate Kontenzeilen mit Teilbeständen maschinell generieren und die Teilbestände zur korrekten XBRL-Position zuordnen.

Taxonomie

Informationen für Mussfelder der Taxonomie, die erst im Rahmen der steuerlichen Bearbeitung entstehen oder die aus anderen Gründen nicht aus der Buchhaltung maschinell ableitbar sind, können in der visualisierten Bilanz und GuV nach Steuertaxonomie einfach in der Anwendung nachgetragen werden. Ebenso ist das Umhängen von Konten per Drag & Drop ein Standardmittel zur finalen Aufbereitung der E-Bilanz. Der Anwender nimmt diese Aufbereitungen in der Handelsbilanz nach Steuertaxonomie vor. Dabei werden alle Änderungen auch automatisch in die Steuerbilanz übernommen. Wird beispielsweise ein Konto in der Handelsbilanz zum korrekten Ausweis an eine andere XBRL-Position verschoben, dann findet sich dieses Konto auch in der Steuerbilanz an der neuen XBRL-Position wieder. Mehr noch: Auch dem Konto in der Steuerbilanz zugeordnete Abweichungen (StB./.HB) wandern maschinell zur neuen XBRL-Position mit.

Die Abweichungen zwischen Handelsbilanz und Steuerbilanz sind in den E-Bilanz-Berichtsdateien auf Ebene XBRL-Position zu dokumentieren. TAXOR geht noch feingliedriger vor: Der Anwender definiert die Abweichungen zwischen Handelsbilanz und Steuerbilanz pro Hauptbuchkonto, welches wiederum jeweils einer bestimmten XBRL-Position zugeordnet ist. Die Software TAXOR greift mit einer weiteren Anwendungsfunktion folgende Problemstellung in diesem Zusammenhang auf: Ein Wirtschaftsgut wird auf einem bestimmten Konto geführt. Dieses Wirtschaftsgut wird abweichend steuerlich bewertet, womit für dieses Konto und damit auch für die betreffende XBRL-Position, zu der das Konto hinzu sortiert wurde, eine Abweichung definiert wurde. Die Abweichung ist in den Folgejahren fortzuschreiben und zu historisieren. Nun wird dieses Wirtschaftsgut im Folgejahr auf ein anderes Konto umgebucht. Derartige Umkontierungen stellen aus den verschiedensten Gründen durchaus keinen seltenen Vorgang im Rechnungswesen dar. Das Konto selbst ist nicht einer anderen XBRL-Position zuzuordnen, jedoch die Abweichung aus dem Vorjahr, die zu diesem Konto definiert wurde. Das Wirtschaftsgut, für welches eine abweichende steuerliche Bewertung vorgenommen wurde, befindet sich auf einem anderen Konto und damit unter Umständen an einer anderen XBRL-Position. Dorthin ist wiederum zum korrekten Ausweis der Abweichungen in der E-Bilanz-Berichtsdatei die Abweichung umzuhängen. TAXOR sieht hierfür einen Funktionsbutton vor, mit dem eine Abweichung zu einem anderen Konto umgehängt werden kann. Die Herausforderung besteht – softwareunabhängig – letztlich auch darin, einen Prozess zu installieren, der gewährleistet, dass aus der Finanzbuchhaltung Informationen zu derartigen Umkontierungen generiert werden und im Rahmen der finalen E-Bilanz-Aufbereitung zum betreffenden Bearbeiter gelangen.

Versand via ELSTER und Einbindung der ERiC-Bibliotheken

Die fertig erstellte E-Bilanz (Handelsbilanz, GuV, Abweichungen, Steuerbilanz, Steuer-GuV, jeweils alle Bestandteile in XBRL-Taxonomie) können abschließend vom Anwender unter Berücksichtigung des Vier-Augen-Prinzips an die Finanzverwaltung versendet werden. Der Versand erfolgt über die eingebundenen ERiC-Bibliotheken und die ELSTER-Schnittstelle von TAXOR. Die Firma IKOR hat sich mit ihrer Software TAXOR am Pilottest des Bayerischen Landesamtes für Steuern Anfang 2011 beteiligt und erfolgreich ihre Daten übermittelt.

Prozessabdeckung

Mit der Abbildung des gesamten Steuerbilanzerstellungsprozesses reicht die Software schon weit über den Rahmen einer reinen E-Bilanz-Lösung hinaus. Sie deckt auch noch weitere Teilprozesse in diesem Umfeld ab. So werden ein Steuerrückstellungsspiegel oder die maschinelle Generierung des Gesonderten Verzeichnisses nach § 5 Abs. 1 Satz 2 EStG bereitgestellt. Alle Bearbeitungen in der Software können gedruckt werden oder sind nach Excel exportierbar. An jedem Feld in der Anwendung sind per Rechtsklick auf das Feld externe und interne Notizen hinterlegbar, und es können Dokumente in beliebigem Format verlinkt werden. Für jedes Feld ist zudem per Rechtsklick die Änderungshistorie aufrufbar. Die Software TAXOR stellt insofern eine Full-size-Lösung nicht nur für die E-Bilanz-Thematik, sondern für den gesamten Bearbeitungsprozess in diesem Umfeld dar. Für Unternehmen, die darüber hinaus perspektivisch sämtliche steuerlichen Bearbeitungsprozesse in einem einheitlichen und in SAP integrierten Tool abbilden wollen, sei auf die Ausbaufähigkeit der Software durch Installation weiterer TAXOR-Module (z. B. Steuerberechnung, Steuererklärung, Latente Steuern) hingewiesen.

Customizingfähigkeit und Betrieb

TAXOR ist eine webbasierte Anwendung. Sie ist über Einträge in einer Regeldatenbank customizingfähig. Die Software wird als Inhouse- oder als Hostinglösung angeboten, wobei bei der Inhouselösung keine zusätzliche Hardware benötigt wird. Die Installation erfolgt unmittelbar auf dem SAP-Server unter Nutzung der bereits für SAP eingesetzten Datenbank.

Kontakt

Hersteller der Software TAXOR ist die Firma IKOR Products GmbH, Borselstrasse 20 in 22765 Hamburg. Die Autorin des Beitrags, Cornelia Heusinger, ist Prokuristin der Firma IKOR Products GmbH und zuständige Produktmanagerin der Software TAXOR. Fragen zur Software sowie zum Beitrag können direkt an Cornelia.Heusinger@ikor.de gerichtet werden.

7.4 LiNKiT E-Bilanz-Cockpit

LiNKiT verfolgt bei der Entwicklung betriebswirtschaftlicher Speziallö-
sungen im Finanzbereich grundsätzlich den Ansatz von Cockpit-
Lösungen. Der Vorteil solcher Lösungen liegt darin, dass sie für den Anwender über eine einzige Transaktion innerhalb des SAP-Systems zu
erreichen sind. Innerhalb des Cockpits ist der Aufbau zudem so gewählt,
dass notwendige Arbeitsschritte übersichtlich dargestellt sind und vom
versierten Benutzer einfach und nachvollziehbar abgearbeitet werden
können. Ziel einer jeden LiNKiT-Cockpit-Lösung ist es, für den Anwender
nahezu selbsterklärend zu sein.

Für die Erstellung einer elektronischen Steuerbilanz ist daher ebenfalls
eine Cockpit-Lösung gewählt worden, die mit geringem Aufwand in bestehende SAP-Systeme implementiert werden kann. Unterstützt werden
R/3 Releases ab 4.0B.

Das von LiNKiT entwickelte eBilanz-Cockpit (siehe Abbildung 7.7 für einen Überblick) ist eine einfache und schlanke Methode, die elektronische
Steuerbilanz in der geforderten Taxonomie direkt im SAP-System zu erstellen und zu bearbeiten. Über eine vorhandene Excel-Schnittstelle ist
zudem der Import von Bilanzdaten aus verteilten SAP-Systemen und aus
nicht-SAP-Systemen in das Cockpit möglich, so dass alle Steuerbilanzen
eines Unternehmens mit dem gleichen Werkzeug erstellt werden können. Es ist somit möglich, die hohen Anforderungen an Daten- und Pro-
zess-Sicherheit von SAP zu nutzen.

Der betriebswirtschaftliche Aufsatzpunkt ist eine beliebige bereits im
SAP-System befindliche Handels- oder Steuerbilanz. Bei Verwendung
einer Handelsbilanz als Aufsatzpunkt spielt es zudem keine Rolle, ob es
sich um eine HGB-, IFRS- oder eine Bilanz nach sonstigen Rechnungs-
legungsnormen handelt. Der Bearbeiter wählt diejenige Rechnungslegungsnorm, die den geringsten Überleitungsaufwand zur Steuerbilanz
darstellt. Es ist ebenfalls unerheblich, ob für die Erstellung der zugrunde
liegenden Bilanzen in SAP die Ledger-Technik im neuen Hauptbuch (FI-
GL), eine kontenplanbasierte Lösung, Buchungen im Special Ledger (FI-
SL) oder eine Erfassung von Bewertungsunterschieden in einer Sonder-
periode genutzt werden. Darüber hinaus spielt es keine Rolle, ob nach
Full-Figure Methode oder Delta-Methode verfahren wird.

Abbildung 7.7: Einstiegsmaske des LiNKiT e-Bilanz-Cockpits für SAP

Neben der Erfüllung aller explizit in § 5b EStG gestellten Anforderungen an die elektronische Steuerbilanz ist ein wesentliches Ziel des LiNKiT-Ansatzes die vollkommen medienbruchfreie Erzeugung und Übermittlung der Daten (siehe Abbildung 7.8). Das heißt konkret, dass mit Ausnahme des Imports der von den Finanzbehörden bereitgestellten Daten wie GCD- und GAAP-Taxonomie sowie des Exports der finalen Steuerbilanz mittels des ERiC-Clients, zu keinem Zeitpunkt das buchführende SAP-System verlassen wird. Alle Aktivitäten zur Erstellung der Steuerbilanz finden ausnahmslos innerhalb von SAP R/3 bzw. ERP statt, werden dort mit standardisierten Verfahren aufgezeichnet, gesichert und unterliegen den strengen Datenschutzmaßnahmen des jeweils genutzten SAP-Systems.

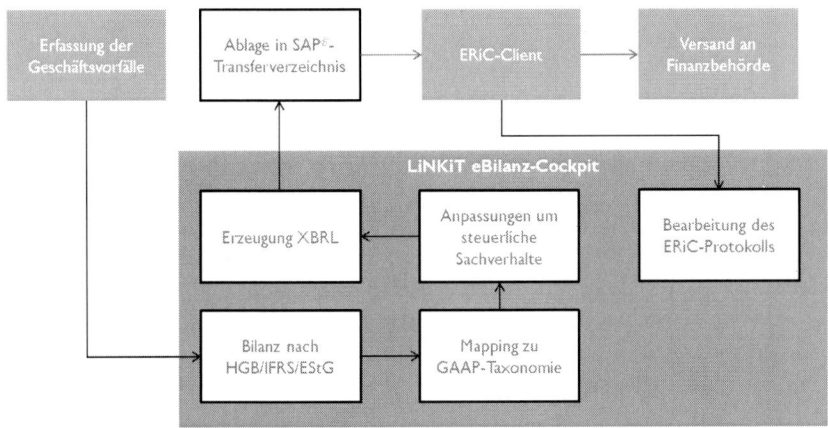

Abbildung 7.8: Erzeugung der E-Bilanz ohne Medienbrüche

Insbesondere findet zu keiner Zeit ein Export von nicht fertigen Steuerbilanzen zum Zwecke der Veränderung, Bearbeitung oder Erweiterung und ebenso wenig ein Import von außerhalb des SAP-Systems veränderten Daten zum Zwecke der Weiterverarbeitung in SAP statt. Dadurch garantiert das LiNKiT eBilanz-Cockpit eine lückenlose Nachweisbarkeit aller Bearbeitungsschritte innerhalb eines einzigen geschlossenen Systems – von der initialen Buchung eines Geschäftsvorfalls bis zur letztlichen Erstellung und dem Versand der elektronischen Steuerbilanz.

In 10 Schritten zur E-Bilanz

Das LiNKiT eBilanz-Cockpit führt den Anwender in 10 Schritten zielgerichtet zur Erstellung einer elektronischen Steuerbilanz nach § 5b EStG (siehe Abbildung 7.9). Die einzelnen Schritte sind in den nachfolgenden Kapiteln in gebotener Kürze beschrieben.

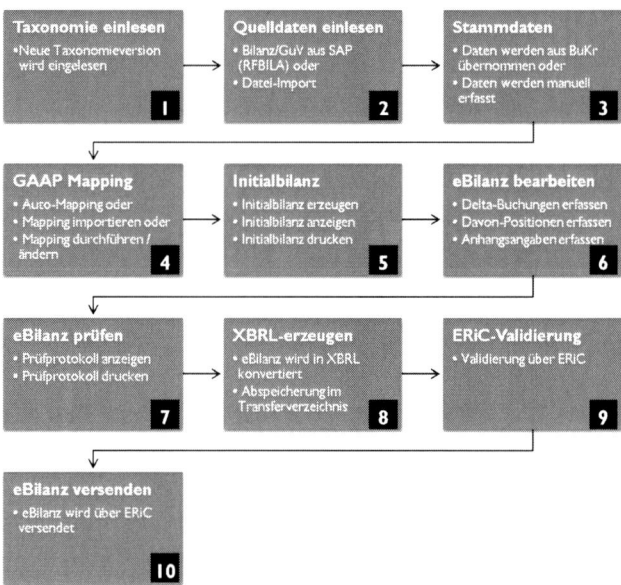

Abbildung 7.9: In 10 Schritten zur E-Bilanz mit dem LiNKiT eBilanz-Cockpit

1. Neue Taxonomie-Versionen einlesen

Um mit der Bearbeitung beginnen zu können, müssen für die Aufnahme der unternehmensspezifischen Stamm- und Bewegungsdaten zunächst eindeutige Instanzen erzeugt werden. Diese stellen die eindeutige Versionierung der E-Bilanz-Daten sicher. Eine Instanz bildet die technische und inhaltliche Klammer eines E-Bilanz-Bearbeitungsprozesses vom erstmaligen Laden der Taxonomien bis hin zum endgültigen Versand an die Finanzbehörde (siehe Abbildung 7.10).

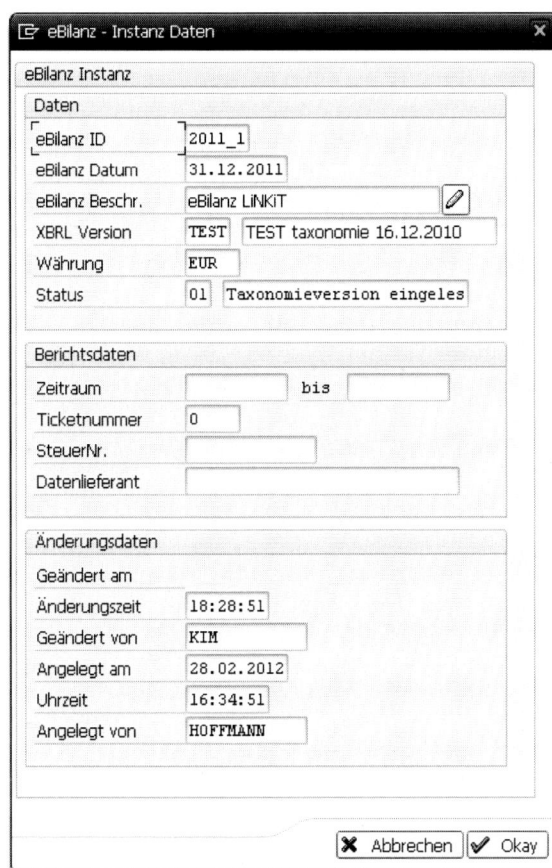

Abbildung 7.10: Instanzdaten

Um eine E-Bilanz erzeugen zu können, müssen zunächst die Taxonomien geladen werden. Dabei ist zwischen der Taxonomie für die Stammdaten-Erfassung (GDC) und der sogenannten GAAP-Taxonomie für die eigentliche Bilanzerstellung zu unterscheiden. Der Import aller benötigten Taxonomie-Bestandteile erfolgt über eine direkt aus dem Cockpit aufrufbare Schnittstelle, welche die von den Finanzbehörden zur Verfügung gestellten Dateien von einem beliebigen Verzeichnis (SAP-Verzeichnis oder Präsentationsserver) einliest und verarbeitet (siehe Abbildung 7.11). Im LiNKiT eBilanz-Cockpit wird diese Aktivität durch einfaches Betätigen der Schaltflächen „Taxonomieversion einlesen / zuordnen" ausgeführt.

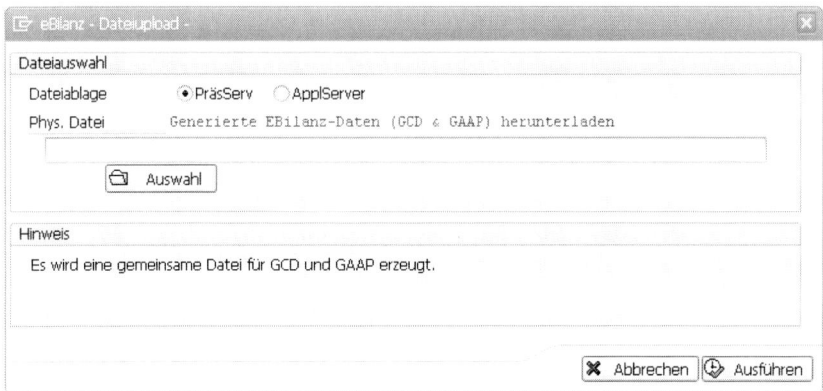

Abbildung 7.11: Einlesen der Taxonomiedateien

Auf diesem Weg kann für jede Gesellschaft jede beliebige GAAP-Taxonomie, so auch Branchen- oder Spezial-Taxonomien, wie z.B. für Banken, Versicherungen oder die Wohnungswirtschaft etc., in das Cockpit in SAP importiert werden.

2. Quelldaten einlesen

Die Übertragung der relevanten Berichtspositionen in die E-Bilanz erfolgt im LiNKiT eBilanz-Cockpit aus einer beliebig wählbaren Quellbilanz. Dies kann sowohl eine bereits in SAP erstellte Steuerbilanz, aber auch eine Handelsbilanz wahlweise nach HGB, IFRS oder einer anderen Rechnungslegungsnorm sein. Als Basis für die Erstellung der E-Bilanz kann eine eigene Steuerbilanz als Struktur in SAP angelegt werden. Ebenso ist es aber auch möglich, direkt auf einer vorhandenen Handelsbilanzstruktur aufzusetzen und Anpassungen zur Steuerbilanz ausschließlich im eBilanz-Cockpit vorzunehmen. Letzteres bietet sich insbesondere bei Unternehmen an, bei denen die Bewertungsdifferenzen zwischen Handels- und Steuerbilanz nur sehr gering ausfallen.

Folgende Techniken werden unterstützt:

- Ledger-Technik im neuen Hauptbuch
- Kontenplanbasierte Lösung

- Ledger-Technik im Special Ledger
- Buchungen in Sonderperioden

Für die Erstellung von E-Bilanzen von Unternehmensteilen, die nicht in SAP abgebildet werden, bietet das LiNKiT eBilanz-Cockpit zudem eine Eingangsschnittstelle für Excel-Bilanzen in einem vordefinierten Format zur weiteren Verarbeitung an (siehe Abbildung 7.12).

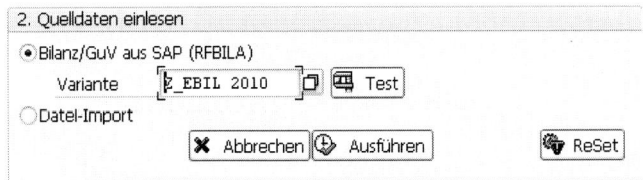

Abbildung 7.12:Einlesen von Quelldaten aus RFBILA oder über Datei-Schnittstelle

Somit ist gewährleistet, dass sämtliche elektronische Steuerbilanzen mit derselben Anwendung und nach demselben Prinzip erstellt und an die Finanzbehörden übermittelt werden können.

3. Stammdaten anlegen und ändern

Im dritten Schritt werden die Stammdateninformationen für jede steuerlich relevante Berichtseinheit erfasst. Dazu steht mit der Aktivität „Stammdaten anlegen / ändern" ein Pflegedialog zur Verfügung (siehe Abbildung 7.13). Abhängig von der Rechtsform der zu berichtenden Gesellschaft sind die verfügbaren Felder zu befüllen.

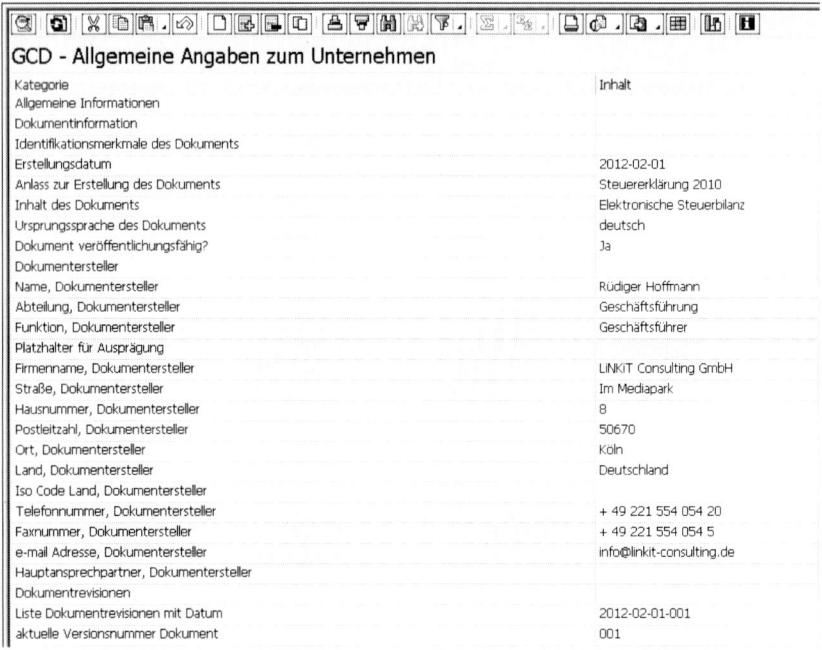

Abbildung 7.13: Erfassung von Stammdaten zur berichtenden Gesellschaft

Die jeweiligen gesellschaftsspezifischen Stammdaten werden in separaten Tabellen in SAP abgelegt und stehen neben der initialen auch für alle folgenden Steuerbilanzen zur Verfügung. Neben der manuellen Datenpflege ist es auch möglich, verfügbare Stammdaten automatisch aus den Buchungskreis-Informationen in SAP zu übernehmen (siehe Abbildung 7.14).

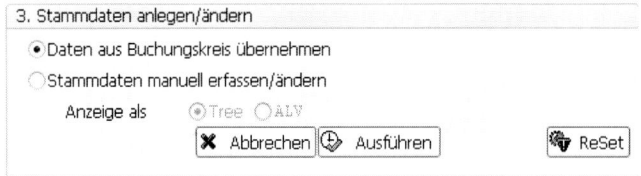

Abbildung 7.14: Automatische Stammdatenübernahme aus SAP-Buchungskreisen

4. GAAP-Mapping

Die ausgelieferten Taxonomien, auch die branchenspezifischen, sind in der Regel so umfangreich, dass es nicht nötig ist, alle Berichtspositionen zu bedienen. Im „Taxonomie-Editor" innerhalb des LiNKiT eBilanz-Cockpits besteht daher die Möglichkeit, einzelne Berichtspositionen der gewählten Taxonomie zu aktivieren und zu deaktivieren (siehe Abbildung 7.15). Deaktivierte Positionen tauchen in späteren Bearbeitungsschritten nicht mehr auf. Von der Finanzbehörde als Muss-Eingaben gekennzeichnete Felder werden automatisch auch als Muss-Felder in das eBilanz-Cockpit übernommen. Werden diese deaktiviert, so wird bei der XBRL-Erzeugung in diesen Positionen automatisch der Wert „NIL" gemeldet.

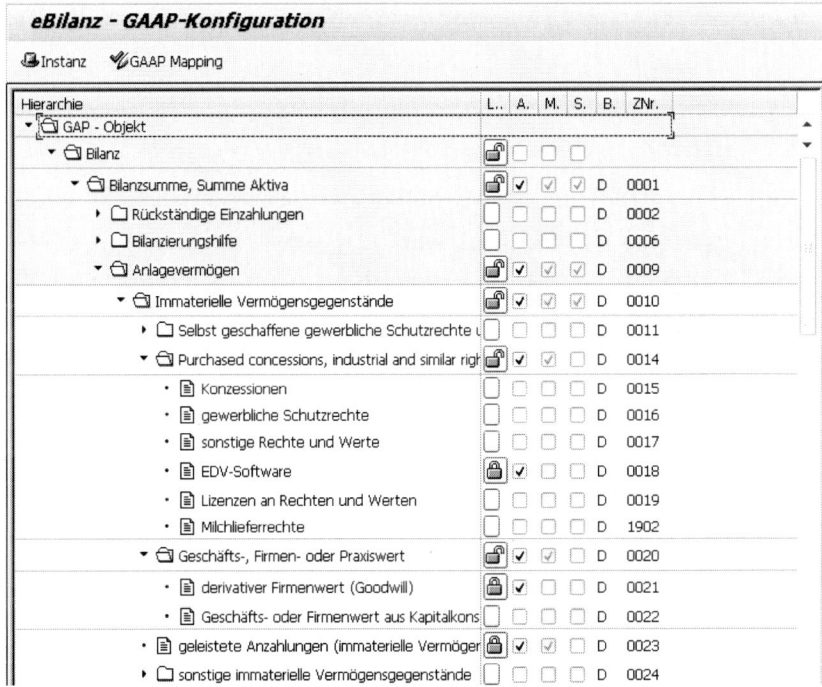

Abbildung 7.15: Anpassung der importierten Taxonomie

Ebenfalls im Taxonomie-Editor werden die Werte der ausgewählten Quellbilanz den Berichtspositionen der Taxonomie zugeordnet. Dies kann sowohl auf der Ebene einzelner Konten (siehe Abbildung 7.16) oder auch ganzer Knoten (siehe Abbildung 7.17) geschehen. Dabei werden zugeordnete Konten oder Knoten automatisch in die durch die Taxonomie vorgegebenen Summenpositionen aufaddiert.

Abbildung 7.16: Zuordnung einzelner Bilanzkonten zu Taxonomie-Positionen

Die Mehrfachzuweisung eines Kontos oder Knotens ist generell möglich, allerdings nur, wenn dieses / dieser als Saldowechselposition gekennzeichnet wurde (z.B. Soll-Saldo => Forderung, Haben-Saldo => Verbindlichkeit). Auch die Aufteilung von Positionen der Quellbilanz in mehrere Taxonomiepositionen ist möglich.

Abbildung 7.17: Zuordnung ganzer Bilanzknoten zu Taxonomie-Positionen

Die in diesem Arbeitsschritt getroffenen Zuordnungen werden in separaten kundeneigenen Tabellen in SAP gespeichert. Je nach Arbeitsfortschritt können die getroffenen Zuordnungen fixiert werden, so dass sie für diesen Vorgang fortan unveränderbar sind. Dies geschieht durch die sogenannte „Lock"-Funktion, die über spezielle Berechtigungsobjekte Benutzer-bezogen verfügbar gemacht werden kann.

Die so getroffenen Zuordnungen stehen für die Erstellung von Folgebilanzen zur Verfügung. Außerdem können durch die zeitgenaue Archivierung jederzeit auch historische, stichtagsbezogene, Steuerbilanzen aus dem LiNKiT eBilanz-Tool erzeugt werden. Darüber hinaus ist es möglich, nachträgliche Veränderungen (beispielsweise aufgrund von Prüfungshandlungen) durchzuführen.

Neben der manuellen Positions-Zuordnung bietet das LiNKiT eBilanz-Cockpit außerdem eine „Auto-Mapping"-Funktion an, die es ermöglicht, SAP-Bilanzstrukturen per Mausklick automatisch zu Taxonomiepositionen zuzuordnen (siehe Abbildung 7.18). Dies geschieht aufgrund identischer Bezeichnungen von Taxonomiepositionen und Knoten innerhalb der Bilanz. Die Funktion ist insbesondere dann sinnvoll, wenn die SAP-Bilanzstruktur basierend auf der gültigen Taxonomie nach §5b EStG erstellt worden ist – beispielsweise über die angekündigte Taxonomie-Uploadfunktion von SAP.

Als dritte Option kann auf ein Vorjahres-Mapping zugegriffen werden, so dass in Folgejahren nur noch neu hinzugekommene oder veränderte Positionen der Taxonomie oder der Bilanzstruktur einander zugewiesen werden müssen. Der Zuordnungsaufwand für Folgejahre sinkt dadurch erheblich.

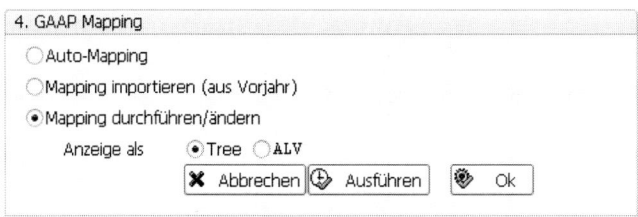

Abbildung 7.18: Taxonomie-Mapping

5. Erzeugen der Initialbilanz

Nachdem alle Positionen bzw. Konten der ausgewählten Quellbilanz zu Taxonomie-Positionen zugeordnet worden sind, kann eine erste „Quasi-Steuerbilanz" erzeugt werden. Diese folgt der zuvor in Schritt 4 angepassten Struktur der gewählten Taxonomie und enthält die Werte gemäß der ebenfalls in Schritt 4 getroffenen Zuordnungen aus der Quellbilanz.

6. Bearbeitung der E-Bilanz

Alle Berichtspositionen der Steuerbilanz mit Wert „blank" (keine Konten/Knoten aus Quellbilanz zugeordnet) können nachfolgend ergänzt oder abgeändert werden. Dazu dient im LiNKiT eBilanz-Cockpit die Funktion „eBilanz bearbeiten".

Berichtspositionen, die bereits durch eine Zuordnung von Quellbilanz zu Taxonomie gefüllt worden sind, können ebenfalls geändert werden, allerdings nur mit besonderer Kommentierung, Protokollierung und unter Nutzung eines separaten Berechtigungsobjekts in SAP.

Durch Vergabe einer separaten Berechtigung kann einerseits die verse-hentliche Änderung an Positionen verhindert werden, andererseits wird dadurch eine organisatorische Funktionstrennung und nicht zuletzt auch das klassische Vier-Augen-Prinzip bei der Erstellung der Steuerbilanz ermöglicht.

In diesem Arbeitsschritt sind je Taxonomieposition die folgenden drei Bearbeitungsoptionen auswählbar (siehe Abbildung 7.19):

- Erfassen von Deltabuchungen
- Erfassen von Davon-Positionen
- Erfassen von Anhangsangaben

Abbildung 7.19: Verfügbare Bearbeitungsoptionen der E-Bilanz

Mit der Erfassung von Delta-Buchungen können handelsrechtliche Wert-ansätze im Rahmen des für die E-Bilanz zulässigen Delta-Verfahrens in steuerliche Wertansätze überführt werden (siehe Abbildung 7.20). Die erzeugten Deltabuchungen und Kommentierungen werden in separaten Tabellen fortgeschrieben. In dieser Bearbeitungsoption erfolgt für jeden einzelnen Umbuchungs-Sachverhalt eine in sich geschlossene Nullsal-do-Prüfung.

Die Erfassung von Davon-Positionen und Anhangsangaben erfolgt durch einfache Text-/Wert-Eingaben. Summenpositionen werden in allen Fäl-len automatisch gebildet. Alle manuellen Änderungen an Berichtspositio-nen (Hinzufügen / Ändern von Werten) werden protokolliert und können über ein im Cockpit vorhandenes Change Log ausgewertet werden. Der Bezug zur jeweiligen Bearbeitungsversion sowie weitere relevante Merkmale wie Benutzer, Änderungsdatum und –Zeit werden fortge-schrieben.

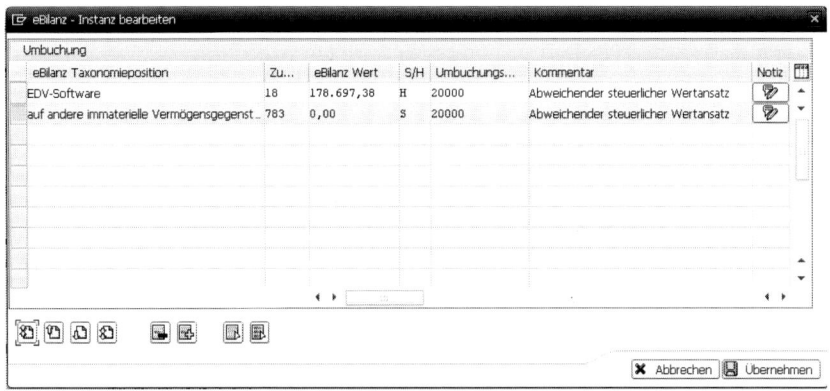

Abbildung 7.20: Buchungsmaske für Delta-Buchungen

7. Automatische Vollständigkeitsprüfung

Vor Versendung der elektronischen Steuerbilanz werden im 7. Schritt eine Reihe von Vollständigkeits- und Plausibilitätsprüfungen durchlaufen (siehe Abbildung 7.21).

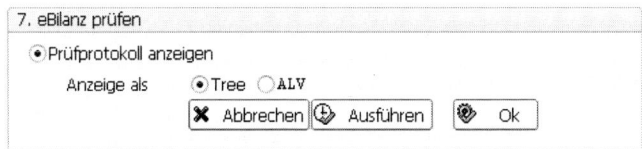

Abbildung 7.21: Aufruf des internen Prüfprotokolls vor Versendung der E-Bilanz

Insbesondere wird an dieser Stelle geprüft, ob alle als Muss-Eingabe ge-kennzeichneten Taxonomie-Positionen mit Werten versorgt worden sind. Nicht gefüllte Muss-Positionen werden angezeigt. Eine Fertigstellung der Steuerbilanz ist erst nach vollständiger Bearbeitung dieser Positionen möglich.

Ebenso erfolgt ein Ausweis aller Positionen oder Konten der Quellbilanz, die keiner Taxonomie-Position zugeordnet worden sind. In diesem Fall obliegt es dem Anwender, zu entscheiden, inwiefern die fehlende Zuord-nung sachlich korrekt ist.

Weitere Plausibilitätsprüfungen, wie beispielsweise eine einfache Prüfung auf die Gleichheit von Aktiva und Passiva, werden intern abgearbeitet und protokolliert.

8. Generierung des XBRL-Datensatzes

Die Erstellung des XBRL-Datensatzes erfolgt nach Fertigstellung und Überprüfung der Steuerbilanz auf Knopfdruck. Auch an dieser Stelle ist eine Funktionstrennung durch separate Berechtigungsvergabe in SAP möglich.

Die Ablage der XBRL-Datei kann wahlweise lokal oder in einem SAP-Systemverzeichnis erfolgen, auf das der ERiC-Client beim Versand automatisch zugreift (siehe Abbildung 7.22).

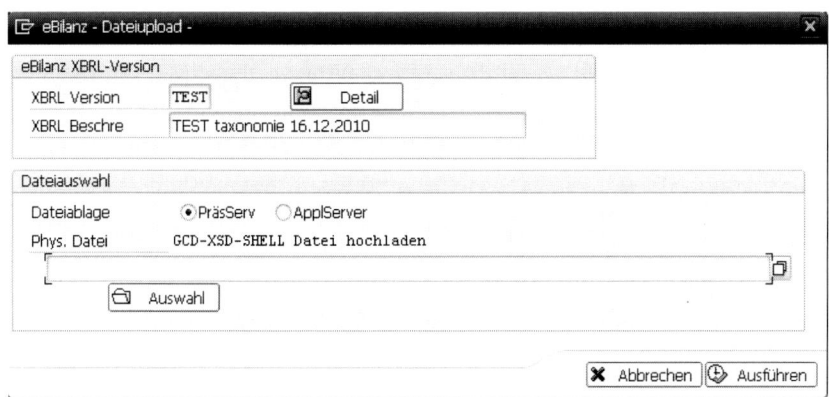

Abbildung 7.22: XBRL-Ablage lokal oder im SAP-Systemverzeichnis

In diesem letzten Schritt der Prozesskette wird die generierte XBRL-Datei in einem vorher definierten Transferverzeichnis abgespeichert. Von diesem aus kann sie im Push-Verfahren über den ERiC-Client direkt an die Finanzverwaltung versandt werden. Die vollständige Dokumentation des Vorgangs kann somit transparent und zentral aus dem System heraus abgewickelt werden.

9. ERiC-Validierung

Die Validierung der fertiggestellten E-Bilanz-Datei erfolgt mittels der ERiC-Bibliotheken und liefert im Fehlerfall Hinweise auf die Ursachen der Fehler zurück. Falls als Ergebnis der Validierung Fehler gemeldet wurden, müssen diese ausgewertet und korrigiert werden. Das Validierungsergebnis wird als Fehlertaskliste ausgegeben und kann mit GUI-Unterstützung abgearbeitet werden.

Versand der E-Bilanz mittels ERiC-Client

In diesem letzten Schritt der Prozesskette wird die generierte XBRL-Datei aus dem zuvor definierten Transferverzeichnis im Push-Verfahren über den ERiC-Client direkt an die Finanzverwaltung versandt. Die Transfermeldung und das zugehörige Transferprotokoll werden abgespeichert. Die vollständige Dokumentation des Vorgangs kann somit transparent und zentral aus dem System heraus abgewickelt werden.

E-Bilanz-Erstellung in Folgejahren

Das LiNKiT eBilanz Cockpit bietet eine Reihe von Funktionalitäten, welche die Erstellung von elektronischen Steuerbilanzen in Folgejahren nach der Erstanwendung erheblich erleichtern. Durch die durchgängige Versionierung wird ermöglicht, dass Daten jedes beliebigen Bearbeitungsstandes aus Vorperioden übernommen und als Basis für die Weiterbearbeitung verwendet werden können. Dadurch können bereits getroffene Zuordnungen bei GCD- und GAAP-Taxonomie problemlos in Folgejahre übernommen werden. Nach dem Import der für die neue Berichtsperiode gültigen Taxonomie- sowie der zu verwendenden Bilanzversion werden im Rahmen einer Delta-Anzeige aller Unterschiede zum Vorjahr aufgezeigt. Die folgenden möglichen Differenzen werden dargestellt:

- Hinzugekommene oder entfallene Taxonomie-Positionen
- (Neue) Muss- oder Summen-Mussfelder ohne Zuordnung zu einer Bilanzposition oder einem Sachkonto
- (Neue) Bilanzpositionen oder Sachkonten ohne Zuordnung zu einer Taxonomie-Position

Für die Erstellung der E-Bilanz in Folgejahren ist nur noch die Zuordnung dieser Delta-Sachverhalte vorzunehmen. Gleiches gilt für neue oder veränderte Sachverhalte in der GCD-Taxonomie.

Sollte es durch Prüfungstätigkeiten zu rückwirkenden Änderungen an Steuerbilanzen kommen, so ermöglicht die versionierte Datenhaltung innerhalb des SAP-Systems eine Korrektur gemäß den vorliegenden Prüfungsergebnissen in der jeweils betroffenen Periode. Auch die relevanten Auswirkungen auf Folgejahre können auf diese Weise konsistent innerhalb des LiNKiT eBilanz-Cockpits erfasst werden.

Daten- und Prozess-Compliance

Die Erzeugung der Steuerbilanzen erfolgt grundsätzlich versionsweise. Die Vorgehensweise ist vergleichbar mit jener bei der Durchführung von Zahl- oder Mahnläufen in SAP, indem zunächst jeweils eine eindeutige „Session" angelegt und benannt wird, in der die oben dargestellten Schritte durchlaufen werden. Jeder Schritt wird protokolliert und das Log ist aus dem Cockpit heraus aufrufbar.

Nach Schritt 5 wird die Quellbilanz nicht mehr aus dem laufenden RFBILA00 oder den SAP-Belegtabellen heraus gelesen, sondern in eigenen Tabellen „eingefroren". Dadurch ist sichergestellt, dass auch zu späteren Zeitpunkten immer auf die zum Erstellungszeitpunkt der Steuerbilanz gültige Quellbilanz referenziert werden kann. Das Logfile enthält auch die komplette Quellbilanz inklusive Struktur und Werten zum Zeitpunkt nach Schritt 5. Nach Übermittlung an die Finanzbehörde sind an der übertragenen Version keinerlei Änderungen mehr möglich.

Für eine neue Steuerbilanz kann später ein bestehender „Bilanzlauf" als Vorlage verwendet werden, d.h. die Parameter und manuell erfasste Positionen werden übernommen und können individuell im neuen Lauf geändert werden.

Alle Daten werden in SAP-Tabellen abgelegt. Somit gelten für die Datensicherheit die gleichen strengen Regeln, die auch auf das zugrunde liegende SAP-System angewendet werden. Eine Auslagerung von Daten an Ziele (außerhalb des SAP-Systems z.B. Datenbanken, Software, etc.) findet explizit nicht statt.

Durch die Nutzung verschiedener Berechtigungsobjekte kann eine der Organisationsstruktur entsprechende Funktionstrennung auch technisch hergestellt werden. Im Auslieferungszustand werden die folgenden drei Berechtigungsrollen angeboten:

- Datenimport und Zuordnungen (Schritte 1 bis 4)
- E-Bilanz-Erstellung und –Bearbeitung (Schritte 5 bis 8)
- E-Bilanz-Versand (Schritte 9 und 10)

Eine kundenspezifische Erweiterung der Berechtigungsrollen ist im Rahmen des SAP-Rollenkonzepts jederzeit möglich.

Einsatz in verteilten Systemen

Das LiNKiT eBilanz-Cockpit eignet sich auch für den Einsatz in einer verteilten Systemlandschaft. Dabei ist es unerheblich, ob es sich bei den weiteren Systemen, auf denen im Sinne des §5b EStG relevante Buchhaltungsdaten vorgehalten werden, um SAP- oder sonstige Buchführungssysteme handelt.

Wichtig ist hingegen, die organisatorischen Abläufe innerhalb des Berichtskonglomerats – häufig eines Konzerns – zu kennen oder transparent zu machen. Es muss klargestellt werden, welche Aufgaben in den lokalen Einheiten und welche durch die Zentralfunktion (Rechnungswesen oder Steuerabteilung) wahrgenommen werden. Dabei sind die folgenden Fragen zu beantworten (eine Übersicht finden Sie in Abbildung 7.23):

- Wo findet die Erfassung steuerlicher Wertansätze statt
- Wird von allen betroffenen Einheiten ein einheitlicher Kontenplan verwendet?
- Falls nicht: wo soll das Mapping von lokalem Kontenplan zur Taxonomie vorgenommen werden?
- Wo werden Anpassungsbuchungen erfasst?
- Wer erstellt die XBRL-Dateien?
- Wer ist für die abschließende Validierung und den Versand der E-Bilanzen verantwortlich?

	Variante 1	Variante 2	Variante 3	Variante 4	Variante 5
Buchung steuerlicher Wertansätze	lokal	lokal	zentral	zentral	zentral
Mapping zwischen lokalem Kontenplan und Taxonomie	lokal	lokal	lokal	zentral (durch MA der lokalen Gesellschaften)	zentral (durch Zentralfunktion)
Erfassen von Anpassungsbuchungen (Delta) und Kommentaren	lokal	lokal	zentral	zentral	zentral
Erstellen XBRL	lokal	lokal	zentral	zentral	zentral
Versand der eBilanz über ERiC-Client an die Finanzbehörden	lokal	zentral	zentral	zentral	zentral
Benötigte Installationen					
LiNKiT eBilanz **Cockpit**	lokal	lokal zentral	zentral	zentral	zentral
LiNKiT eBilanz **Kernel**	----	----	lokal	----	----
Exportprogramm RFBILA / SUSA	----	----	----	lokal	lokal

Abbildung 7.23: Entscheidungsmatrix für den Einsatz in verteilten Systemen

Abhängig von der Beantwortung der oben gestellten Fragen kann das LiNKiT eBilanz-Cockpit lokal oder zentral als Vollversion oder in limitierter „Kernel-Funktion" installiert werden. Sofern Nicht-SAP-Systeme betroffen sind, kann die Importfunktion des Cockpits genutzt werden. Die nachfolgende Abbildung 7.24 stellt beispielhaft eine mögliche Realisierung der E-Bilanz-Erstellung mit dem LiNKiT eBilanz-Cockpit in verteilten Systemen dar.

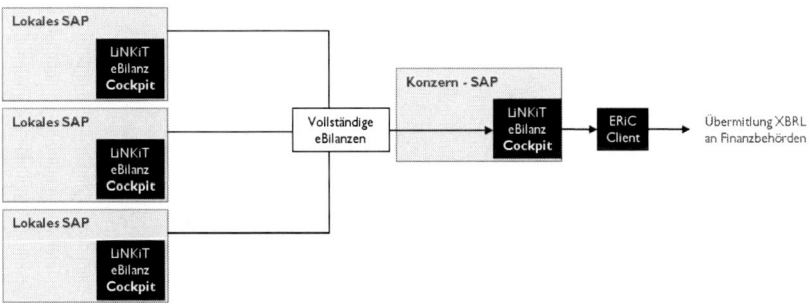

Abbildung 7.24: Einsatz von eBilanz-Cockpit und –Kernel in verteilten Systemen

Diesem Szenario liegen die folgenden Annahmen zugrunde:

Aktivitäten der lokalen Einheiten:

- Mapping der lokalen Konten / Bilanzpositionen zur Taxonomie
- Erzeugen der initialen E-Bilanz (Initialbilanz)
- Übergabe der Initialbilanz an die Zentralfunktion (zentrale Steuerabteilung)

Aktivitäten der Zentralfunktion:

- Verteilung der jeweils gültigen Taxonomieversion an die LiNKiT e-Bilanz-Kernels der Einzelgesellschaften
- Empfang der Initialbilanzen aus den Einzelgesellschaften
- Durchführen von Anpassungsbuchungen (Deltas) und Erfassen von Kommentaren
- Erstellen der finalen E-Bilanzen
- Erstellen der XBRL-Dateien und Versand der E-Bilanzen an die Finanzbehörden

Für andere mögliche Szenarien existieren ebenfalls Lösungsmodelle.

Implementierungs- und Preismodell

Das LiNKiT eBilanz-Cockpit wird als komplettes Programmpaket ausgeliefert und im jeweils vorhandenen SAP-System installiert. Installation und Konfiguration werden zum Festpreis vorgenommen.

Die Nutzung des LiNKiT eBilanz-Cockpits ist lizenzkostenfrei.

Im Umfang der Installation sind enthalten:

- E-Bilanz Readyness-Check
- Installation und Konfiguration des LiNKiT eBilanz-Cockpits in SAP
- Einspielen der relevanten Taxonomie
- Erstmaliges Befüllen der relevanten Taxonomie
- Erstmaliges Befüllen der relevanten Tabellen
- Testdatenaustausch mit der Finanzbehörde
- Schulung der Mitarbeiter
- On-Site Support bei der erstmaligen Produktivnutzung

Kontaktdaten:

Rüdiger Hoffmann

ruediger.hoffmann@linkit-consulting.de

Tel +49 (0)221 55 40 54 20

www.linkit-consulting.de

7.5 hsp GmbH / Opti.Tax

Opti.Tax ist ein Software-Modul aus der Opti.X Compliance-Suite des Norderstedter Herstellers hsp GmbH. Opti.Tax zeichnet sich durch leichte Bedienbarkeit aus und ist eine nach IDW PS 880 zertifizierte Softwarelösung für die E-Bilanz (siehe Abbildung 7.25).

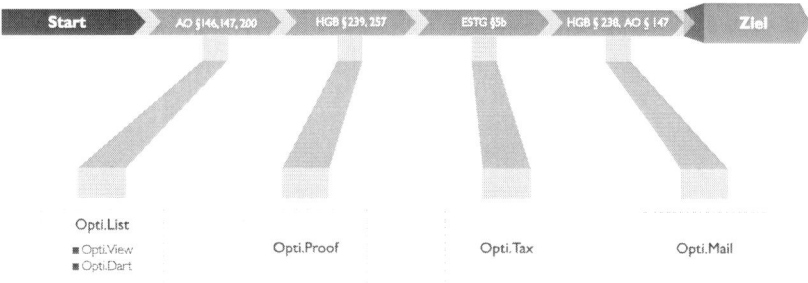

Abbildung 7.25: Compliance-Suite Opti.X der hsp GmbH, Norderstedt

Die hsp Handels-Software-Partner GmbH hat als Softwarehersteller aktiv an der Testphase zur Einführung der E-Bilanz teilgenommen. Das Produkt Opti.Tax steht nun zur Erfüllung der Anforderungen der E-Bilanz zur Verfügung. Opti.Tax kann unabhängig vom eingesetzten ERP System genutzt werden. Opti.Tax nutzt bereits erfasste Standard-BMF-Taxonomien - egal ob Einzelunternehmen (u.a. EÜR), Körperschaft (u.a. GmbH) oder Personengesellschaft (u.a. KG). Opti.Tax verwaltet alle Taxonomien.

Die Daten werden aus einem Quellsystem in das E-Bilanz-Tool übertragen. Dazu steht für SAP-Gesellschaften eine eigene SAP-Schnittstelle zur Verfügung, für Non- SAP-Gesellschaften oder für Sonder- und Ergänzungsbilanzen ist eine Excel-Upload-Funktion sowie eine CSV-Import-Schnittstelle integriert. Die Buchungsfunktion ermöglicht das Importieren von Handelsbilanz-Daten sowie das Erfassen der notwendigen Steuerbilanz-Buchungen. Ebenso können direkt Steuerbilanz-Daten importiert und nach Überprüfung mittels integriertem Elster Rich Client (ERiC) versendet werden.

Opti.Tax Funktionen

Aus der Handelsbilanz wird die Steuerbilanz	E-Bilanz senden – mit Vorabkontrolle auf Plausibilität
Ergänzungen buchen, Salden splitten: mit Anhang- und Kommentaren	Stammdaten je rechtlicher Einheit erfassen.
SAP Daten via Schnittstelle importieren	Sendeprotokolle jederzeit im Zugriff
Buchungen mit Hilfe von Konto/ Gegenkonto-Buchungen	Per Drag & Drop Sachkonten zu Taxonomieposition zuordnen
Datenimport aus jedem beliebigem ERP System im CSV Format	Neue Wirtschaftsjahre anlegen: inkl. der Mappinginformationen
Weitere Konten anlegen und beliebige Taxonomien importieren	Buchungen in erfasste und abgeschlossene Wirtschaftsjahre sind möglich

Abbildung 7.26: Funktionen der E-Bilanz-Lösung Opti.Tax

In der Opti.Tax-Datenbank können beliebig viele legale Einheiten (Mandanten und/oder Buchungskreise) verwaltet werden. Jeder legalen Einheit kann ein Kontenplan und eine eigene XBRL-Taxonomie zugewiesen werden. Eine Kopierfunktion vereinfacht die Mandantenanlage. Die verfügbaren Branchentaxonomien können parallel geführt werden.

Folgende Taxonomien werden unterstützt:

- Kerntaxonomie
- Branchentaxonomie für die Wohnungswirtschaft (JAbschlWUV), Land- und Forstwirtschaft (BMELV-Musterabschluss), Krankenhäuser (KHBV), Pflegedienstleister (PBV), Verkehrsunternehmen (JAbschlVUV) und den kommunalen Eigenbetrieb (EBV)
- Bankentaxonomie (für alle Unternehmen, die nach RechKredV bilanzieren)
- Versicherungstaxonomie (für alle Unternehmen die nach RechVersV beziehungsweise RechPensV bilanzieren)

Das Mapping, also die Zuordnung der Sachkonten zu den Taxonomie-Positionen, wird bei Nutzung der SAP-Schnittstelle bereits mit den Import-Daten übergeben. Per Drag & Drop können jedoch Änderungen in Opti.Tax erfolgen – und zwar von Hauptbuchkonto auf XBRL und von

XBRL auf Hauptbuchkonto. Jede Änderung des Mappings wird im Change Log protokolliert.

Abstimmung bei der Dateneingabe (Erst-Jahr)

Mit dem **Live-Reporting** erhält der Opti.Tax-Anwender einen Report, der sich aus den augenblicklichen Taxonomie-Zuordnungen ergibt. Das Live-Reporting wird nach jeder Zuordnung oder Buchung automatisch aktualisiert. Nach wenigen Zuordnungen sieht das Live-Reporting aus wie in Abbildung 7.27 dargestellt:

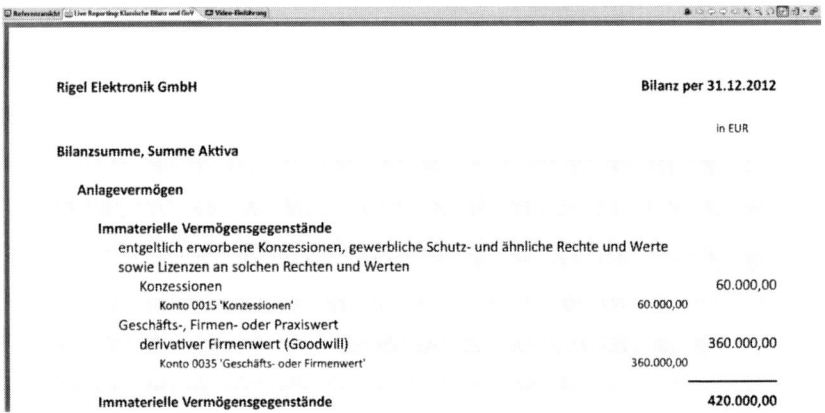

Abbildung 7.27: Live Reporting mit Opti.Tax

Die Struktur der Taxonomie wird mit den bereits durchgeführten Zuordnungen aus der Kontenliste dargestellt. Opti.Tax ermittelt die Summen automatisch. Wenn alle Werte zugeordnet sind, sollte dieser Report ausgedruckt und zu den Steuerunterlagen gelegt werden. Der Report entspricht der elektronischen Meldung der Daten.

Um einen Vergleich mit der Original-Bilanz durchzuführen, besteht die Möglichkeit des visuellen Abgleichs mit einer Referenzdatei. Dazu ist es nötig, dass eine Bilanz mit Kontennachweis als ASCII-Textdatei oder als PDF-Datei (SAP: RFBILA00 oder RFBILA10) zur Verfügung steht (siehe Abbildung 7.28). Beide Reports, also Live-Reporting und Referenzdatei, können nebeneinander dargestellt und verglichen werden.

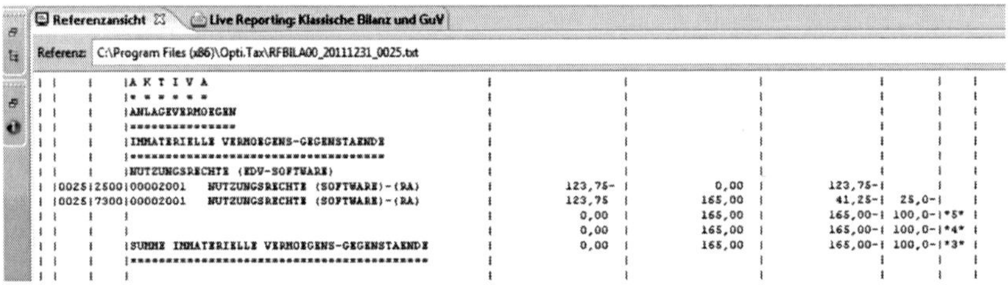

Abbildung 7.28: Referenzdatei (RFBILA00/RFBILA10) in Opti.Tax

Vereinfachungen in den Folgejahren

Mit der Funktion „Zuordnung aus anderem Projekt übernehmen" können nahezu identische Kontenpläne anderer Mandanten oder die Daten des Folgejahres automatisch übernommen werden.

Nicht durchgeführte Übernahmen werden im Fenster „Konsole" protokolliert. Eine Besonderheit des Konsolen-Fensters: Die Meldungen werden mit Hyperlinks dargestellt, die zur auslösenden Kontenposition oder zur auslösenden Taxonomie-Position verzweigen. Mapping-Fehler oder nicht durchgeführte Mapping-Vorgänge können leicht nachvollzogen werden.

So werden beispielsweise anteilige Zuordnungen des Quell-Projekts im Ziel-Objekt ignoriert (siehe Abbildung 7.29). Hier kann es sich um komplexe Vorgänge handeln, die im Ziel-Projekt manuell nachvollzogen und ergänzt werden müssen. Ein Link ist zum Konto der Kontenliste (0645) oder zur Taxonomie-Position (bs.eqLiab.liab.bank.upTo1year) möglich. Ein weiterer Fehlergrund liegt vor, falls die Kontonummer im Zielobjekt fehlt.

Transaktion speichern...				
120	Zuordnungen	im	Quellprojekt	vorhanden.
3	alte	Zuordnungen	wurden	gelöscht.
8	Zuordnungen		wurden	ignoriert.
112 Zuordnungen wurden erfolgreich übernommen.				

Abbildung 7.29: Zuordnungen kopieren in Opti.Tax

BP-Sachverhalte aus bereits abgeschlossenen Geschäftsjahren können automatisch auf folgende Stichtage weiterentwickelt werden. Die Aufgabenverwaltung zeichnet alle Besonderheiten des Kopiervorgangs auf (siehe Abbildung 7.30).

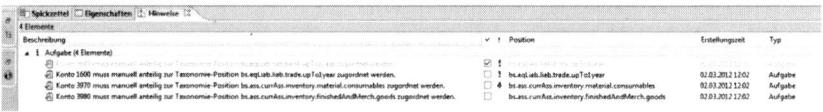

Abbildung 7.30: Opti.Tax Aufgabenverwaltung

Die Aufgaben können mit Prioritäten versehen und an bestimmte Mitarbeiter weitergeleitet werden. Ist die Aufgabe bearbeitet worden, kann sie als „erledigt" gekennzeichnet werden.

Zertifizierung nach IDW PS 880

Für Opti.Tax ist eine Softwareprüfung nach IDW PS 880 durchgeführt worden. Die Prüfung erstreckte sich auf den im Benutzerhandbuch mit der Version 1.0.0 beschriebenen Leistungsumfang der geprüften Programmversion. Insbesondere wurden folgende Programmfunktionen auf ihre Funktionalität geprüft:

▸ Einlesen von Kontosalden einer Summen- und Saldenliste

▸ Zuordnung der Kontosalden auf die Taxonomie-Positionen der E-Bilanz

▸ Erfassung von Steuerbilanz-Buchungen zur Überleitung einer Handelsbilanz auf eine Steuerbilanz

▸ Erstellung und technische Validierung der E-Bilanz sowie Versendung an die Finanzverwaltung

▸ Benutzerverwaltung

Der Prüfung der Anwendung und der zugehörigen Benutzerdokumentation wurden die steuerrechtlichen Bestimmungen zur E-Bilanz sowie der Prüfungsstandard IDW PS 880 des Instituts der Wirtschaftsprüfer zugrunde gelegt. Im Prüfungsergebnis wird festgehalten, dass bei sachgerechter Anwendung der Software und unter Berücksichtigung der im Prüfbericht angesprochenen Hinweise und Empfehlungen die Erfüllung der Verpflichtungen des § 5b EStG zur Übermittlung der Inhalte einer Bilanz sowie Gewinn- und Verlustrechnung durch Datenfernübertragung (E-Bilanz) ermöglicht wird.

Technische Voraussetzungen Opti.Tax

Die Opti.Tax-Installation ist auf einem Server (Windows 2000 und XP, Windows 2008 Server und Windows Vista/7) und/oder Client (Windows 2000 und XP, Windows 2008 Server und Windows Vista/7 und Mac) möglich. Für die Clients sind die Varianten Nativ, Internet-Browser, ThinClient (z.b. Citrix) und Mac verfügbar. Als Programmiersprache wird Java verwendet. Die Software ist skalierbar, denn sie kann als Einzelplatzversion und auch als Client-Server-Version betrieben werden.

Über hsp

Die hsp GmbH – gegründet vor mehr als 20 Jahren - zählt mit der selbst entwickelten Datenarchivierungs-Software Opti.List® zu den Marktführern der GDPdU-konformen Datenarchivierung. Die über 500 Nutzer und mehr als 120 Installationen in der Vergangenheit stehen vor allem für eines: für Vertrauen. Das Vertrauen der Kunden in die Produkte und Dienstleistungen.

Kunden aller Branchen profitieren von der Funktionalität der innovativen Archivierungssoftware, der E-Bilanz Lösung Opti.Tax und den Partnermodulen (Compliance Suite). Die hsp GmbH überzeugt mit individuellen Komplettlösungen von hoher Qualität, kundenorientiertem Service und alles zu fairen Preisen. Namhafte Unternehmen, wie Continental AG, Santander Consumer Bank, VION Food Group, Süddeutscher Verlag, BMW Fahrzeugtechnik, Tengelmann, Itzehoer Versicherung, Univar, National Starch, Faceo, Qliktech, Rheinland Versicherungen, etc. zählen zu den Kunden.

Kontaktdaten

Erich Rohland

ist Geschäftsführer der hsp Handels-Software-Partner GmbH (www.hsp-software.de) in Norderstedt. Sein Aufgabengebiet umfasst die Definition und Umsetzung von Compliance-Anforderungen in Unternehmen.

Kontaktdaten: e.rohland@hsp-software.de oder telefonisch + 49 177 425 16 78.

7.6 Plaut

Die Plaut E-Bilanz-Lösung ist ein eigenständiges Erfassungs- und Übertragungstool, welches dazu genutzt wird, die Anforderungen der E-Bilanz abzudecken. Als besonderes Merkmal bietet dieses preiswerte System die Möglichkeit, jede beliebige Taxonomie (Kerntaxonomie sowie Branchentaxonomie) einzubeziehen und anschließend, je nach rechtlicher Einheit, zu verarbeiten. Zur Datenübertragung vom Quellsystem in das E-Bilanz-Tool steht neben einer integrierten SAP-Schnittstelle auch eine Excel-Upload-Funktion zur Verfügung. Über diese beiden Import-Varianten werden die individuellen IT-Strukturen der Unternehmen berücksichtigt, wodurch SAP- und Nicht-SAP-Gesellschaften im Rahmen der E-Bilanz einbezogen werden können. Zudem ermöglicht die Excel-Methode den Einbezug von Sonder- und Ergänzungsbilanzen, die in vielen Unternehmen separat zum ERP-System geführt werden.

Zusätzlich zur reinen Erfassung und Übertragung der Taxonomiemodule besteht die Möglichkeit, die übertragenen Kontensalden im System zu bearbeiten. Die Bearbeitung der Salden kann dazu über die eigene Buchungsfunktion sowie über eine Splittung der Salden durchgeführt werden. In beiden Funktionen stehen dazu ausreichende Kommentarfunktionen zur Verfügung, womit Plaut E-Bilanz auch als separates Nebenbuchungssystem verwendet werden kann.

Aufgrund dieser beiden Weiterverarbeitungsvarianten kann für jede Gesellschaft entschieden werden, inwieweit Sachkontenwerte nach Steuerrecht oder nach Handelsrecht in dieses Werkzeug übertragen werden sollen bzw. können. Durch die zur Auswahl stehenden Versendungsfunktionen leistet das Werkzeug hierbei zusätzliche Unterstützung. Neben der Übertragung der Steuerbilanz kann ebenfalls eine Handelsbilanz mit Überleitungsrechnung an die Finanzämter versendet werden. Weiterhin ist das Werkzeug in der Lage, das Thema rückwirkende Änderungen, welche durch Steuerprüfungen notwendig werden, im entsprechenden Geschäftsjahr zu verarbeiten und diese in die folgenden Geschäftsjahre automatisch zu übertragen. Dies wird unter anderem durch die Möglichkeit unterstützt, Versionierungen der Daten vorzunehmen.

Die Erfüllung der seitens des Finanzministeriums vorgegebenen technischen Anforderungen, XBRL-Format und Einbindung des Elster Rich Clients (ERiC), werden durch das Werkzeug unterschiedlich umgesetzt. Die Realisierung eines XBRL-konformen Datensatzes wird automatisch in einer Hintergrundverarbeitung durchgeführt und bedarf daher keines manuellen Eingriffs durch den Anwender. Die Einbeziehung der ERiC-Software wird dadurch gewährleistet, dass diese im System eingebunden ist und daher keine separate Installation benötigt. Durch diese Einbindung ist das Werkzeug zusätzlich in der Lage, Laufzeitprobleme oder Seiteneffekte mit anderen Elster-Installationen zu vermeiden.

Plaut E-Bilanz hat im Rahmen der Pilotierungsphase des Finanzministeriums bereits erfolgreich an mehreren Tests teilgenommen und steht als monatliche Demoversion für Interessenten zum Download zur Verfügung.

Datenübernahme

Für die Übernahme der Bilanz- und GuV-Werte stehen im Plaut E-Bilanz-Tool zwei unterschiedliche Methoden zur Verfügung:

► SAP-Schnittstelle
► Excel-Upload

Diese berücksichtigen zum einen Erweiterungen, welche im Rahmen der E-Bilanz-Umsetzung im ERP-System vorgenommen wurden sowie zum anderen die individuelle IT-Architektur der Unternehmen.

SAP-Schnittstelle

Als erste Variante für den Datentransfer existiert eine integrierte Schnittstelle zwischen dem SAP- und dem Plaut E-Bilanz-System. Da das Plaut E-Bilanz-Werkzeug nicht in die SAP-Landschaft eingebunden ist, sondern als eigenständiges System funktioniert, erfolgt die Werteübergabe mittels eines sogenannten SAP-Datenextrakts. Die Schnittstelle basiert dabei auf der Logik der SAP-Standard Bilanz-/GuV-Berichte (siehe Abbildung 7.31).

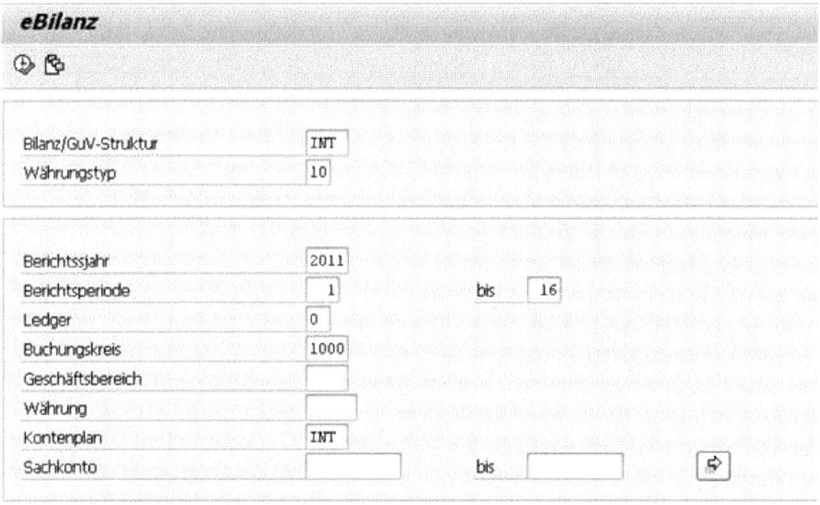

Abbildung 7.31: Beispiel der vorläufigen Reporting-Maske für den Datenextrakt an das Plaut E-Bilanz-Werkzeug

Das Datenextrakt-Verfahren bezieht, wie auch der Bilanz-/GuV-Bericht, die Kontensalden aus der zugehörigen Summendatenbanktabelle und erstellt darüber hinaus eine separate Extrakt-Datei mit den notwendigen Sachkonteninformationen. Die Einbindung der SAP-Datenbanktabelle für den Datenextrakt ist unabhängig davon, welche Hauptbuchtechnik bei den jeweiligen Unternehmen im Einsatz ist. Sowohl die Summenbanktabelle des klassischen Hauptbuchs als auch des neuen Hauptbuchs können über dieses Verfahren ausgelesen werden. Die anschließende Übertragung an Plaut E-Bilanz kann dabei wahlweise automatisch oder manuell erfolgen.

Als weitere Voraussetzung muss für diese Methode im bestehenden SAP-System eine eigene Bilanz-/GuV-Struktur angelegt werden, die konform zu der Taxonomie des Finanzministeriums aufgebaut ist. Die Zuordnung der Sachkonten zu einer E-Bilanz-Position muss dabei so aufgebaut werden, dass alle relevanten Konten berücksichtigt werden, die für die Erstellung der E-Bilanz notwendig sind. Bei der Kontenzuordnung kann dabei frei gewählt werden, ob die Werte nach Steuerrecht oder nach Handelsrecht übergeben werden sollen. Diese Zuordnung wird im Rahmen des Datentransfers ebenfalls übermittelt und anschließend im

Bearbeitungsmodus des Jahresabschlussmoduls (GAAP-Modul) innerhalb der Plaut E-Bilanz angezeigt.

Die eigentliche Import-Datei wird über einen eigenen Bericht erstellt, der für dieses Verfahren im bestehenden SAP-System programmiert werden muss. Über die Reportingmaske stehen, wie beim Standard Bilanz-/GuV-Bericht, Selektionsmerkmale zur Verfügung, die es ermöglichen, unternehmenseigene Änderungen im ERP-System zu berücksichtigen. Die wichtigsten Selektionen sind hierbei unter anderem das Ledger, die Bilanz-/GuV-Struktur sowie die Einschränkung von einzelnen Sachkonten. Die weiteren Selektionsmerkmale lehnen sich an die Standardattribute der Bilanz-/GuV-Berichte an.

Für den Fall, dass für die Erstellung der E-Bilanz zusätzliche FI-/CO-Kontierungsmerkmale wie beispielsweise das Steuerkennzeichen oder die Kostenstelle benötigt werden, kann das Datenextrakt-Verfahren auf weitere Datenbanktabellen ausgeweitet werden, sodass auch diese zusätzlichen Merkmale beim Datenimport berücksichtigt werden.

Excel-Upload

Zusätzlich zu der SAP-Schnittstelle verfügt das Plaut E-Bilanz-Werkzeug über eine Excel-Upload-Funktion. Mit dieser Variante können ebenfalls Bilanz- und GuV-Werte von Nicht-SAP-Gesellschaften übernommen werden. Weiterhin können auch außerhalb von SAP verwaltete Sonder- und Ergänzungsbilanzen in dieses Werkzeug geladen werden. Ebenso wie bei der SAP-Schnittstelle kann hierbei je Gesellschaft entweder der Kontensaldo nach Handelsrecht oder derjenige nach Steuerrecht geladen werden.

Während des Excel-Uploads steht im System ein zusätzlicher Import-Manager zur Verfügung. Dieser überwacht den Upload und unterstützt über Ergebnisdarstellungen die korrekte Verarbeitung. Auch in dieser Methode kann bereits ein Mapping der Sachkonten zur Taxonomieposition hinterlegt werden. Die Zuordnung wird anschließend ebenfalls im Bearbeitungsmodus des Jahresabschlussmoduls (GAAP-Modul) angezeigt.

Bearbeitungsmodus Plaut E-Bilanz

Die Erstellung und Versendung der Taxonomiemodule erfolgt in der E-Bilanz-Lösung in eigenen Bearbeitungsfenstern und wird durch das Tool über mehrere Hilfestellungen unterstützt. Vor dem Hintergrund, dass die Bearbeitung des GCD-Moduls (Stammdatenmodul der Taxonomie) und des GAAP-Moduls (Jahresabschlussmodul der Taxonomie) je rechtlicher Einheit erfolgt, müssen vorab im Plaut E-Bilanz-Werkzeug Stammdaten hinterlegt werden. Im Anschluss daran werden die Daten der steuerlichen Gesellschaften in den Taxonomiemodulen bearbeitet und an das Finanzamt versendet.

Definition Stammdaten

Innerhalb der Stammdatenverwaltung werden die Bereiche Mandant, Saldenliste und Projekt für die weitere Verarbeitung definiert. Außerdem erfolgt über die Stammdatendefinition eine hierarchische Verknüpfung der oben genannten Elemente. In Abbildung 7.32 sehen Sie beispielhaft, wie sich die Verbindung der Bereiche untereinander darstellt.

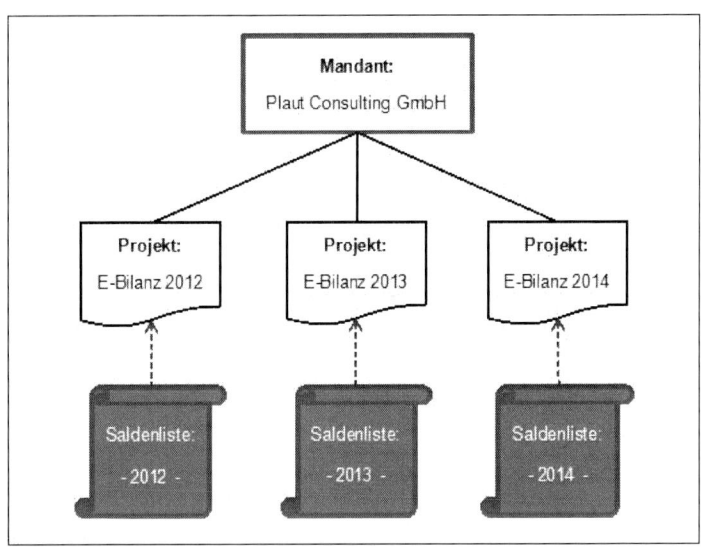

Abbildung 7.32: Beispiel der Hierarchieverknüpfung innerhalb des Plaut E-Bilanz-Tools

Im Abschnitt „Mandant" werden zuerst die einzelnen steuerlichen Gesellschaften angelegt. Zu den Stammdaten der rechtlichen Einheiten gehören neben den Identifikationsmerkmalen Steuernummer und Elster-Zertifikat auch weitere Informationsfelder, die es ermöglichen, individuelle Beschreibungen im System anzulegen. Der Mandant ist somit gleichzusetzen mit einem SAP-Buchungskreis und ist der oberste Hierarchieknoten in der E-Bilanz-Lösung.

Durch die Datenübernahme stehen die Kontenwerte im Unterpunkt „Saldenliste" bereits zur Verfügung. Um die Saldenlisten im System eindeutig zu kennzeichnen, müssen die Felder „Bezeichnung" und „Beschreibung" definiert werden. Das Anlegen von einzelnen Sachkontenstammsätzen, wie in ERP-Systemen üblich, ist für das Werkzeug nicht notwendig, da die Sachkonten und die zugehörigen Informationen durch den Datenimport aus SAP oder Excel bereits vorhanden sind.

Das eigentliche Kernstück in der Stammdatenverwaltung sind die Projekte. Ein Projekt wird dabei genau einem Mandanten zugeordnet und stellt somit die zweite Hierarchiestufe im System dar. Während der Erstellung eines Projekts wird außerdem festgelegt, welche Taxonomieart und welche Saldenliste genutzt werden soll. Innerhalb der Auswahl einer Taxonomieart bietet das Werkzeug die Möglichkeit, jede bestehende Taxonomie (Kern- oder Branchentaxonomie) einer Gesellschaft individuell zuzuordnen.

Rückwirkende Änderungen und Versionierung

Die Themen „Rückwirkende Änderungen" und „Versionierung (Zeitstempel) der Daten" werden ebenfalls durch die Definition der Projekte verarbeitet. Da jedem Projekt eine zeitliche Gültigkeitsdauer zugeordnet wird, können Projekte mit einem Geschäftsjahr gleichgesetzt werden. Die Verknüpfung zwischen einem Mandanten und einem Projekt (mit Bezug auf den definierten Zeitraum) ist zugleich die Grundlage für eine rückwirkende Änderung der Daten. Die rückwirkenden Änderungen, die durch Steuerprüfungen notwendig werden könnten, können durch die Verbindungen im System gebucht werden und anschließend automatisch in die nachfolgenden Geschäftsjahre übertragen werden. Als letzter Arbeitsschritt wird bei der Erstellung eines Projekts noch festgelegt, welche Berichtsbestandteile (z. B. Bilanz, GuV oder Anhang) für die rechtliche Einheit gemeldet werden sollen.

GCD-Modul und GAAP-Modul

Nachdem das Projekt im Plaut E-Bilanz-Werkzeug angelegt ist, erfolgt die Bearbeitung der Taxonomiemodule (siehe Abbildung 7.33). Im Stammdatenteil (GCD-Modul) werden dazu die allgemeinen Unternehmensinformationen der E-Bilanz erfasst. Die Mussfelder sind dabei farblich gesondert gekennzeichnet und werden durch die Einbindung des Elster Rich Client (ERiC) im Rahmen der Validierung auf Vollständigkeit geprüft. Eventuelle Fehlermeldungen in diesem Bereich sind mit dem entsprechenden Taxonomiefeld verknüpft und erleichtern somit Korrekturen. Die Pflege der Gesellschaftsstammdaten ist dabei ein einmaliger Aufwand und wird in den Folgejahren automatisch im Modul angezeigt.

Im GAAP-Modul (Jahresabschlussteil) erfolgt anschließend die Bearbeitung der weiteren Berichtsbestandteile, die für die Gesellschaft ausgewählt wurden. Ebenso wie im GCD-Modul sind auch hier die Mussfelder und Auffangpositionen farblich gesondert gekennzeichnet und unterliegen in der Validierung u. a. der Vollständigkeitsprüfung.

Fehlermeldungen sind ebenfalls mit dem entsprechenden Taxonomiefeld verknüpft und erleichtern somit eventuelle Korrekturen. Wie bereits in den vorherigen Kapiteln beschrieben, erhalten die Saldenlisten bereits die Zuordnungen der Sachkonten zur Taxonomieposition, die hier entsprechend angezeigt werden. Sollte ein Taxonomiefeld nicht durch die Saldenliste gefüllt sein, wird es automatisch mit „NIL" gekennzeichnet, um so die technischen Anforderungen des Finanzministeriums zu gewährleisten. Änderungen an dieser Struktur werden durch das Tool über eine Drag-&-Drop-Funktion unterstützt und ebenfalls im folgenden Geschäftsjahr als Vorschlagswert angezeigt.

Für eine mögliche weitere Bearbeitung der Kontenwerte stehen im Tool eine Buchungsfunktion sowie eine Saldensplittungsfunktion mit erweiterten Kommentarmöglichkeiten zur Verfügung. Durch diese beiden Optionen kann Plaut E-Bilanz als Nebenbuchungssystem genutzt werden. Ein zusätzlicher Vorteil dieser Funktionen ist es, dass dem Anwender somit freigestellt wird, die geladenen Kontenwerte nach Steuerrecht oder nach Handelsrecht zu übermitteln, da Plaut E-Bilanz sowohl eine Steuerbilanz als auch eine Handelsbilanz mit Überleitungsrechnung erstellen und versenden kann.

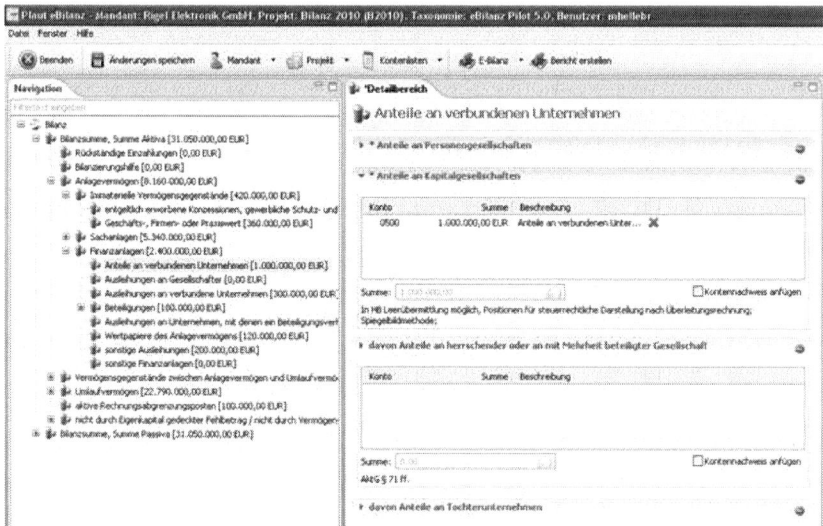

Abbildung 7.33: Ausschnitt aus der Verarbeitungsmaske von Plaut E-Bilanz

XBRL-Format der Taxonomiedaten

Nach der Bearbeitung der beiden Taxonomiemodule erfolgt in den nächsten Schritten die Validierung der Daten und die anschließende Übertragung an das Finanzamt. Für die Übertragung und Validierung wurden durch das Finanzministerium (BMF) gesetzliche Anforderungen festgelegt, welche durch das System automatisch erfüllt werden.

Die erste Anforderung des BMF bezieht sich auf das Ausgabeformat der Daten. Dazu wurde festgelegt, dass der Datensatz im XBRL-Format (eXtensible Business Reporting Language) an das zuständige Finanzamt übertragen werden muss. Zur Erfüllung dieser Auflage erfolgt eine automatische Konvertierung der Werte in das XBRL-Format durch ein Standard- Framework. Die Taxonomie liefert dazu die technischen Vorgaben. Zudem erfolgt als Hintergrundroutine eine automatische XBRL-konforme Aufarbeitung der Daten. Summierungen der Taxonomie werden dadurch bereits während der Datenpflege ermittelt und ermöglichen somit eine bestmögliche Abstimmung sowie eine schnelle Verarbeitung bei der

Ausgabe. Die fertig aufgebaute XBRL-Datei steht anschließend sowohl als Berichtsdatei als auch in hierarchischer Form zur Verfügung und kann im System separat angezeigt werden.

Einbeziehung des Elster Rich Clients

Die zweite Anforderung, die das BMF für die Taxonomieübertragung vorgibt, ist die Einbindung des Elster Rich Clients (ERiC). Dem ERiC kommt dabei während der Datenübermittlung eine besondere Bedeutung zu, da in der Software automatische Plausibilitätsprüfungen der Daten vorgenommen werden. Dabei wird im Rahmen jeder Übermittlung unter anderem geprüft, ob die gemeldeten Daten bezüglich der Mussfelder vollständig vorliegen und die hinterlegten logischen Rechenregeln eingehalten wurden. Erkannte Mängel der Prüfroutinen werden anschließend als Fehlermeldungen angezeigt. In Plaut E-Bilanz ist der Elster Rich Client bereits in die Applikation integriert und besitzt somit keine eigene Installationsroutine, sondern wird im Arbeitsverzeichnis des Werkzeugs abgelegt.

Durch dieses Vorgehen werden Laufzeitprobleme oder Seiteneffekte mit anderen Elster-Installationen verhindert. Die Übermittlung der Daten erfolgt im System per SSL (SSL = Secure Sockets Layer, ein hybrides Verschlüsselungsprotokoll, welches zur sicheren Datenübertragung im Internet genutzt wird). Zusammen mit einem PKCS-Zertifikat wird SSL zur Verschlüsselung und Authentifizierung der Kommunikation zwischen dem Elster-Server und ERiC verwendet. Bei der Datenübertragung für digitale Signaturen werden PKCS-Zertifikate (Public Key Cryptography Standards) verwendet.

Die Validierung und Übertragung der Daten erfolgt im Werkzeug über eigene Funktionen mit separaten Bearbeitungsfenstern. Die Validierung wird dabei offline durchgeführt und findet somit vor dem tatsächlichen Versenden statt. Auftretende Fehlermeldungen werden in einem separaten Ausgabefenster unter Verweis auf die fehlerhafte Taxonomieposition angezeigt. Zusätzlich stehen Übertragungsprotokolle und weitere Dokumentationen zur Verfügung.

Plaut E-Bilanz und Datensicherheit

Der Punkt Datensicherheit wird beim Übertragungsweg zwischen dem Unternehmen und dem Finanzamt ebenfalls durch den Elster Rich Client abgedeckt. Die verwendeten Sicherheitsmaßnahmen wurden dabei vom BMF vorgegeben und entsprechen den aktuellsten Sicherheitsstandards. Als zusätzliche Sicherheitsmaßnahme bietet Plaut E-Bilanz ein Rechtesystem über die Merkmale „Mandant", „Projekt" und „Berichtsbestandteil" an. Dabei können firmeneigene Authentifizierungssysteme (wie zum Beispiel Active Directory) verwendet werden. Ein weiterer Vorteil beim Thema Datensicherheit ergibt sich daraus, dass bei der Verwendung von Plaut E-Bilanz als eigenständiges „Versand-Werkzeug" die bislang geschlossene IT-Architektur unverändert weiter betrieben werden kann und lediglich das externe Werkzeug einen Zugang zum Internet für die Übertragung benötigt.

Kontaktdaten:

Michael Hellebrandt

ist Consultant im Bereich Finance und Controlling bei der Plaut Consulting GmbH (www.plaut.com) in Ismaning bei München. Zu seinen Beratungsschwerpunkten gehören die Themengebiete des Externen Rechnungswesen. Kontaktdaten: michael.hellebrandt @plaut.com oder telefonisch + 49 176 300 66 315.

7.7 ConVista ConsPrep E-Bilanz-Lösung

Die ConVista Consulting AG ist ein internationales Consulting- und Softwareunternehmen, das sich auf die prozessuale und technische Integration von SAP Standardsoftware fokussiert hat. Sie ist durch die SAP AG als Service-Partner und Special-Expertise-Partner zertifiziert. Ihre Leistungen vereinen Kompetenzen in den Dimensionen Prozess, Technologie und Methodik.

Neben zahlreichen Unternehmen aus der Versicherungs- und Energiewirtschaft betreut ConVista mit über 400 Mitarbeitern zahlreiche Kunden in den Branchen Telekommunikation, Banken, Handel und Automobilindustrie. Die Kundenstruktur reicht von mittelständischen Unternehmen bis zu DAX-Konzernen.

Ein Tätigkeitsschwerpunkt der ConVista ist dabei der Bereich Financials und dort die Optimierung der Abschluss- und Reportingprozesse.

Softwareprodukte der ConVista Consulting AG

Unter der Marke ConVista Solutions entwickelt und vertreibt die ConVista Softwareprodukte sowie kundenindividuelle Lösungen auf Basis von SAP NetWeaver. Hiermit können eingesetzte SAP-Standardlösungen sinnvoll ergänzt und Einführungsprojekte durch wartungsfähige und releasesichere Software verkürzt werden. Die ConVista ist seitens der SAP als sogenannter Independent Software Vendor (ISV) anerkannt.

Das Produkt ConVista ConsPrep (Consolidation Preparation) ist eines der Softwareprodukte der ConVista Consulting AG und dient der Optimierung des Abschlussprozesses im Einzel- und Konzernabschluss (Konsolidierung). Dabei bündelt ConVista ConsPrep mehrere Einzelkomponenten, die zu einem Softwarepaket zusammen gefasst sind, siehe Abbildung 7.34.

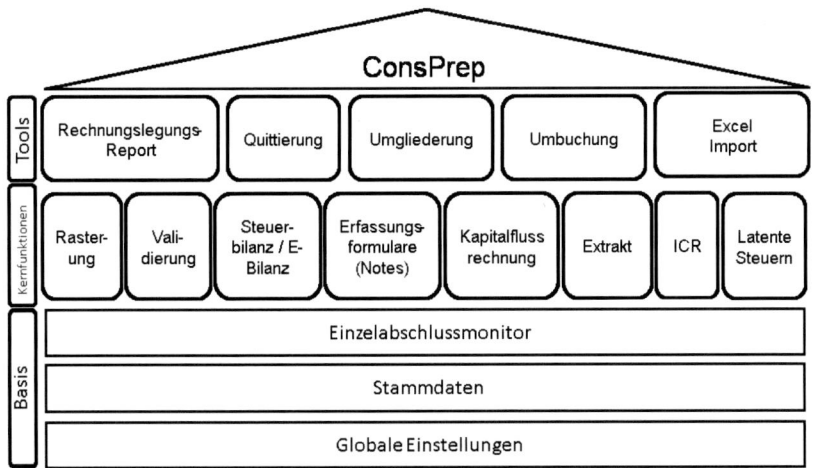

Abbildung 7.34: ConVista ConsPrep Übersicht

Motivation zur Entwicklung einer E-Bilanz-Lösung in SAP

Die Erstellung und Verwaltung eines Buchwerks für die Steuerbilanz bedingt grundsätzlich die gleichen Anforderungen wie die zur Erstellung einer anderen Rechnungslegungsvorschrift (z. B. HGB, IFRS etc.). In einer zeitgemäß organisierten Unternehmung kann dies unseres Erachtens mit Blick auf Effizienz, Transparenz und Tempo nur durch Nutzung

▶ gleicher Ordnungsbegriffe,

▶ gleicher Datenstrukturen sowie

▶ gleicher Funktionen und Prozesse erfolgen.

Demzufolge hat ConVista schon immer den Ansatz der SAP zur Abbildung paralleler/multipler Rechnungslegungen über die Ledgertechnologie aktiv unterstützt und vorangetrieben – zunächst auf Basis der Speziellen Ledger (FI-SL) und nun natürlich auch auf Basis des neuen Hauptbuchs (NewGL). So wurden im Produkt ConVista ConsPrep bereits vor Einführung der E-Bilanz umfangreiche Funktionalitäten zur Erfassung von Steuerbilanzen, Berechnung latenter Steuern etc. aufgenommen und in mehreren Projekten in der Praxis umgesetzt. Seitens der Unternehmen, die der vorangegangen Argumentation folgen und bereits die Steuerbilanzen analog zu den HGB- und gegebenenfalls IFRS-Bilanzen in entsprechenden Ledgern im SAP FI/NewGL führen, ist es eine logische Konsequenz, die E-Bilanz direkt aus dem Datenbestand in SAP zu übermitteln. Dieser Anforderung folgend hat die ConVista die nachstehend beschriebene Lösung zur E-Bilanz entwickelt, u. a. im Rahmen der vom Bundesfinanzministerium initiierten Pilotphase für die E-Bilanz erprobt und nun seit 2011 zur allgemeinen Marktreife gebracht.

Eckpunkte des Lösungsansatzes

Analog dem zuvor beschriebenen gedanklichen Grundansatz wurde der Gesamtlösungsansatz auf der SAP Netweaver-Plattform entwickelt und umfasst zum einen die Abbildung der Steuerbilanz in einem SAP-Ledger und zum anderen die Abbildung der E-Bilanz inklusive der Übermittlung derselben mittels XBRL (siehe Abbildung 7.35).

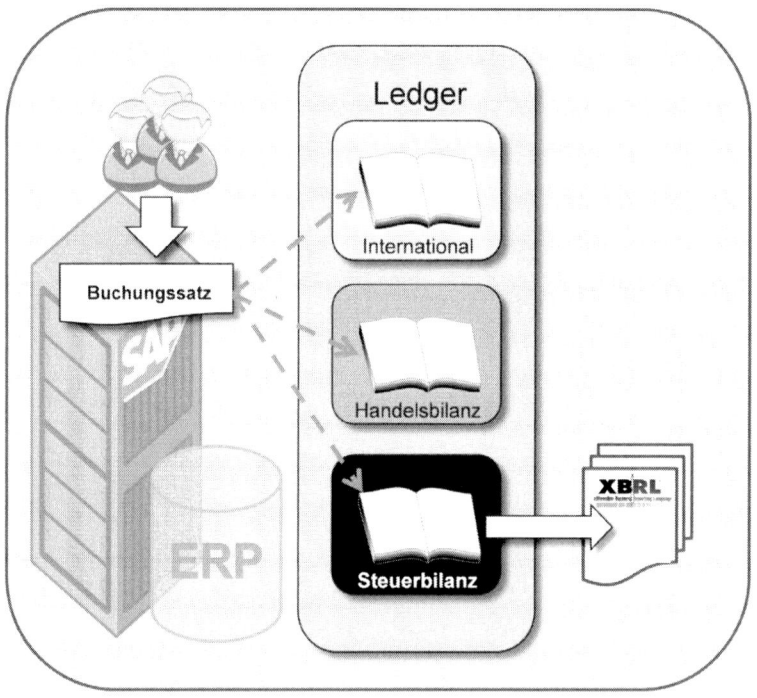

Abbildung 7.35: Gesamtlösungsansatz zur Abbildung von Steuer- und E-Bilanz

Aufsatz auf Steuerbilanz im SAP FI/NewGL

Die E-Bilanz-Lösung innerhalb des Produktes ConVista ConsPrep setzt darauf auf, dass die steuerbilanziellen Werte im SAP in einem FI-SL-

oder NewGL-Ledger geführt werden. In diesem Kontext bietet ConVista ConsPrep u. a. folgende Funktionalitäten zur Unterstützung der Abbildung der Steuerbilanz im SAP FI:

▸ Erfassung von Steuerbilanzwerten

▸ Erfassung von Hinzurechnungen/Kürzungen

▸ Berechnung und Buchung latenter Steuern (BilMoG, IFRS) und latenter RfB

▸ Versionierung von Steuerbilanzständen

▸ Maschinelle Umgliederungen u. v. m.

In Abb. 7.17 ist als Beispiel für diese Funktionen der Dialog zur Umbuchung dargestellt, mittels derer handelsrechtliche Werte auf Kontenbasis angepasst werden können.

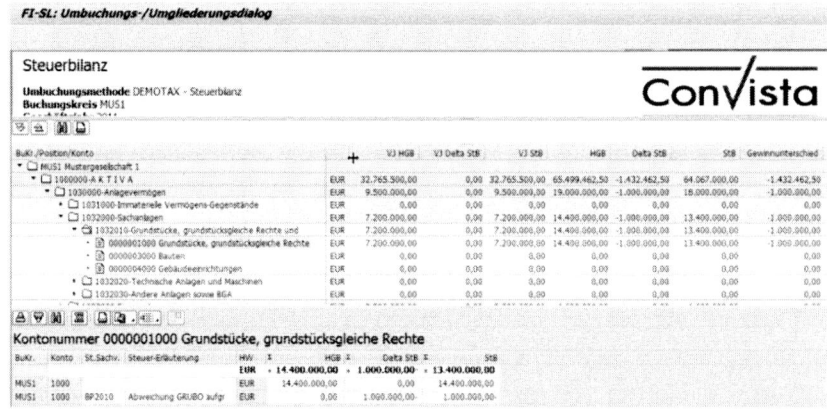

Abbildung 7.36: ConVista Umbuchungsdialog von der Handelsbilanz zur Steuerbilanz

Im Ergebnis wird mittels dieser Funktionalität eine vollständige Steuerbilanz und -GuV auf Basis der Ordnungsbegriffe (Gesellschaftsnummern, operative Konten etc.) des jeweiligen Unternehmens im SAP-System bereitgestellt. Dieser Umgliederungsdialog ist der Aufsatzpunkt für das E-Bilanz-Modul, dessen Kernaufgabe es ist, die Zuordnungen in die für die E-Bilanz festgelegte Taxonomie zu überführen und mittels des XBRL-Standards an die Finanzbehörden zu übermitteln.

Nutzung vorhandener Ordnungsbegriffe/Kontierungen

Aufgrund der systemintegrierten Lösung in das SAP FI können alle im SAP bereits vorhandenen Ordnungsbegriffe und Kontierungen bei der Aufgabe zur Erfüllung der E-Bilanz genutzt werden. Dies gilt insbesondere für vorhandene Zusatzkontierungen. Hierdurch kann z. B. eine Erweiterung des Kontenrahmens zur Erreichung des Detaillierungsgrades der Taxonomie verhindert oder reduziert werden. So ist es beispielsweise möglich, anhand der Steuerkennzeichen den in der E-Bilanz geforderten Aufriss der Umsatzerlöse nach Umsatzsteuertatbeständen abzubilden (siehe Abbildung 7.37). Diese Funktionalität erlaubt es dem Anwender, zusätzliche Informationen eines Kontosaldos mit den entsprechenden Taxonomiepositionen zu verknüpfen.

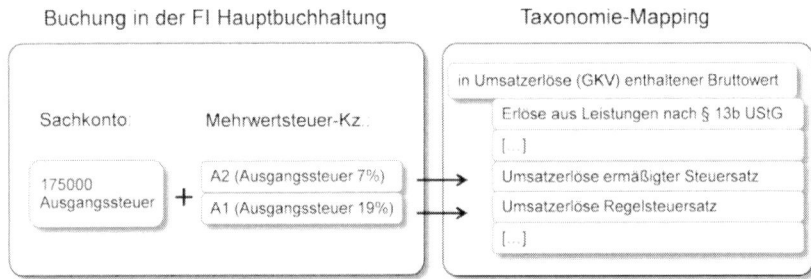

Abbildung 7.37: Mapping auf Taxonomiepositionen mit Merkmalskombinationen

Darstellung der Einzelfunktionen entlang des Abschlussprozesses

ConsPrep E-Bilanz ist in das SAP ERP-System eingebettet und unterstützt den gesamten Prozessablauf zur Erstellung und Übermittlung der E-Bilanz.

Ablaufdiagramm zur Entwicklung der E-Bilanz

Zur Darstellung der Einzelfunktionen haben wir nachstehend einen Modellprozess (siehe Abbildung 7.38) zur systemgestützten Erstellung einer Steuerbilanz entwickelt, wie er in dieser oder ähnlicher Form vielfach in der Praxis anzutreffen ist.

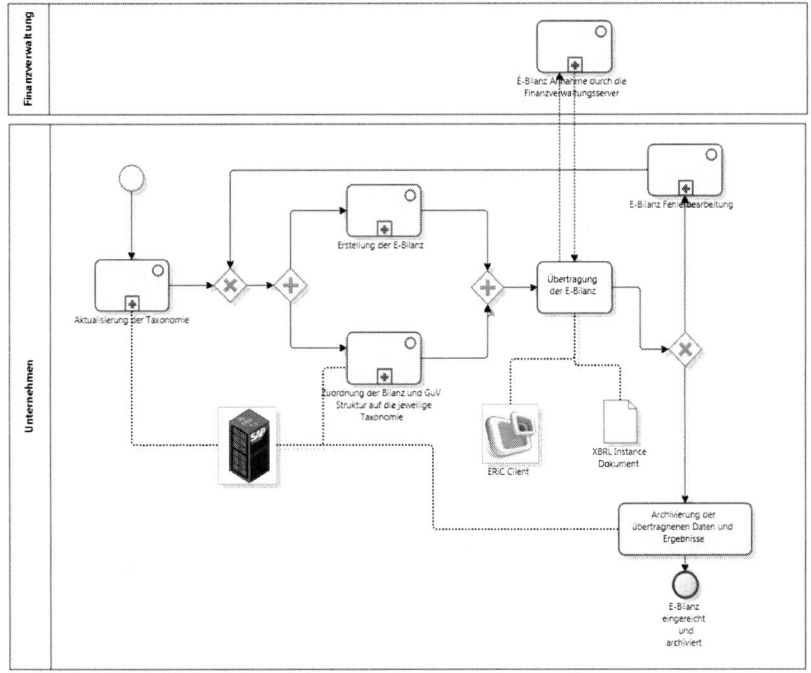

Abbildung 7.38: BPMN Modell zur Erstellung und Übermittlung der E-Bilanz § 5b EStG

Im Folgenden werden die Einzelfunktionen der E-Bilanz-Lösung entlang dieses Modellprozesses erläutert.

Bereitstellung der Taxonomien in SAP

Die Finanzverwaltung stellt für verschiedene Rechtsformen Taxonomien bereit und behält sich vor, diese in einem noch nicht bekannten Zyklus zu aktualisieren. Eine Taxonomie besteht aus zwei Komponenten (GCD/GAAP), die mithilfe einer Anwendung nach SAP hochgeladen und auch aktualisiert werden können.

Die sogenannten Concepts der Taxonomie, die die notwendigen Positionen beschreiben, sind u. a. aufgrund der Textlänge als Identifikationsmerkmal für die interne Bezeichnung in SAP nicht geeignet. Deshalb wird die komplette Taxonomie in einen Positionsplan übersetzt.

Das Mapping der operativen Konten (oder Knoten der Bilanz/GuV-Struktur) erfolgt dann auf die Taxonomiepositionen.

Mapping vom operativen Kontenplan zur E-Bilanz-Taxonomie

Für die Darstellung der Bilanz/GuV nach den Taxonomiepositionen der Finanzverwaltung muss ein Mapping der Konten des operativen Kontenplans auf die Positionen der Taxonomie stattfinden. Gekapselt wird das Mapping an einer E-Bilanz-Mappingvariante, welche als Basis eine (bestehende) handelsrechtliche Bilanz/GuV-Struktur und als Ziel den Positionsplan der Taxonomie verbindet. Die Zuordnung der Mappingvariante zu mehreren Buchungskreisen bietet den Vorteil der Wiederverwendung. Weitere Einstellungen an der Mappingvariante sind bspw. die Einschränkung auf Rechtsform, GuV-Methode oder Einstellungen zur Lieferung von Kontensalden.

Die zentrale Komponente, mit der die Zuordnung der Konten und/oder Positionen auf die HGB-Taxonomie erfolgt, ist der Mappingdialog (siehe Abbildung 7.39). Neben dem einfachen 1:1 Mapping von Konten zu Taxonomiepositionen unterstützt das System die Zuordnung von Bilanz- und GuV-Knoten zu den darunter liegenden Konten. So werden beispielsweise dynamisch nachträgliche Kontenzuordnungen zu einem Bilanzknoten bei der E-Bilanzerstellung berücksichtigt, ohne dass das Mapping angepasst werden muss.

Über zusätzliche Funktionalitäten können Kombinationen von Konten und Unterkontierungen den Taxonomiepositionen detailliert zugeordnet werden (siehe Abbildung 7.40). Dies erspart dem Anwender die Anlage zusätzlicher Konten. Zum Beispiel können die Salden der Umsatzerlös-Konten in Abhängigkeit vom Steuerkennzeichen den Taxonomiepositionen zugeordnet werden.

Nach der durchgeführten Zuordnung kann der Anwender eine systemgestützte Analyse durchführen, um evtl. nicht verknüpfte Mussfelder der Taxonomie oder auch nicht zugeordnete Konten und Teilsalden eines Kontos zu identifizieren. Die Nachverfolgung von beispielsweise noch nicht zugeordneten Konten kann gekennzeichnet werden. Zusätzlich besteht die Möglichkeit, über Filter eine übersichtliche Anzeige der zugeordneten und der noch nicht zugeordneten Konten zu generieren.

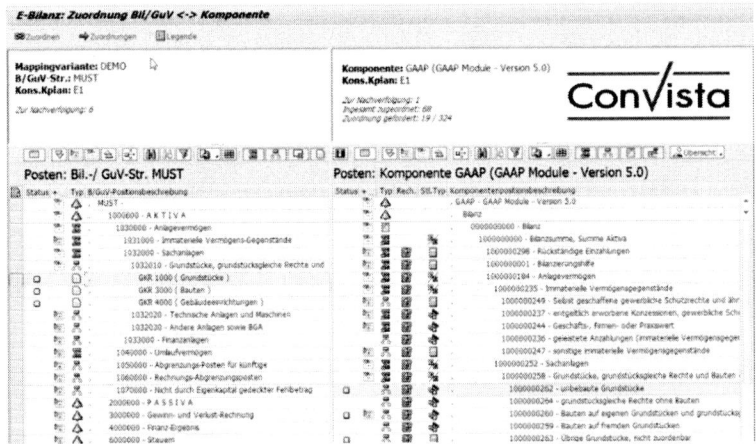

Abbildung 7.39: E-Bilanz Mappingdialog

Die Analyse bestehender Zuordnungen der Bilanz- und GuV-Konten zu den entsprechenden Taxonomiepositionen wird durch eine Zuordnungsstatistik und Zuordnungsliste unterstützt. Über die Zuordnungsliste kann das erfolgte Mapping mit Zusatzkontierungen gepflegt werden.

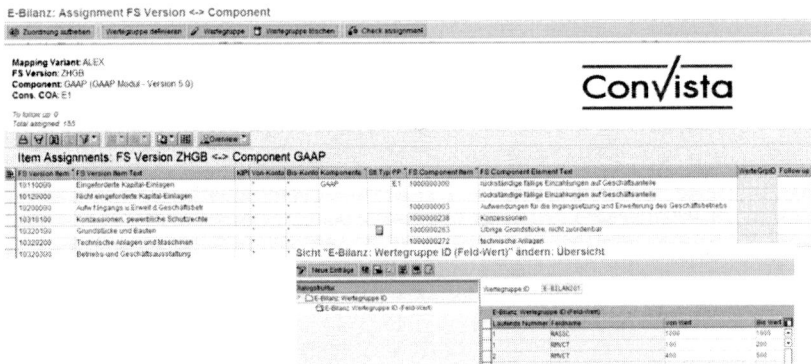

Abbildung 7.40: E-Bilanz-Zuordnungsliste mit Erfassung von Zusatzkontierung

Weitere durch die Finanzverwaltung zur Verfügung gestellte Erläuterungen zu einer Taxonomieposition können durch einen Infobutton abgerufen werden (siehe Abbildung 7.41).

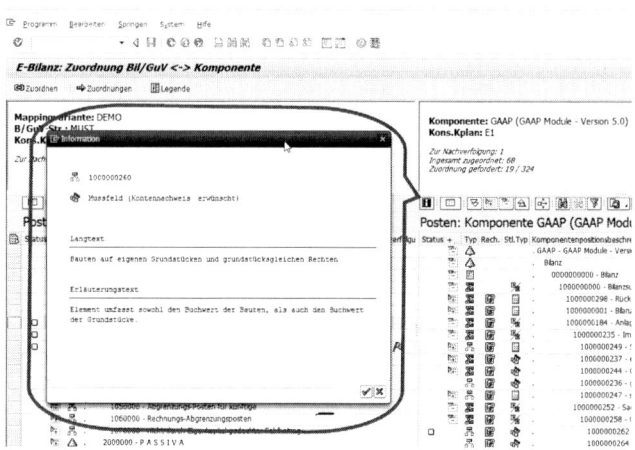

Abbildung 7.41: Ergänzende Informationen zu Taxonomiepositionen

E-Bilanz-Bericht/-Ansicht

In diesem Dialog (siehe Abbildung 7.42) kann der Anwender die E-Bilanz je Gesellschaft und Wirtschaftsjahr auswerten. Der Dialog wird in der Praxis auch häufig zur Visualisierung und Überprüfung des Mappings zur E-Bilanz-Taxonomie genutzt, da die Qualität des Mappings letztlich nur unter Berücksichtigung der Bewegungsdaten überprüft werden kann.

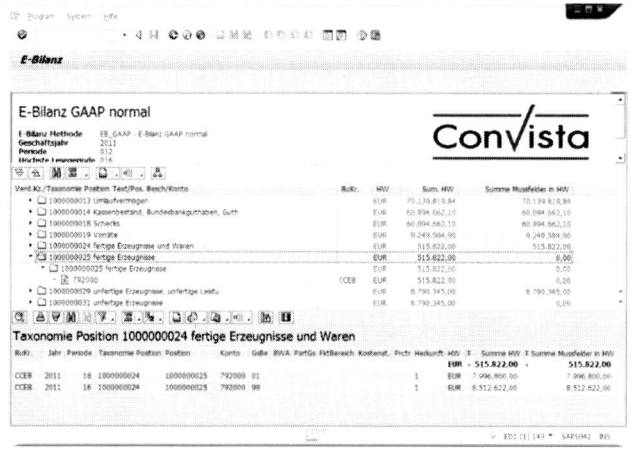

Abbildung 7.42: E-Bilanz-Bericht/-Ansicht

Das System zeigt in der gleichen Ansicht auch die Unterscheidung zwischen einer Mussfeld-Lieferung und einer vollumfänglichen Lieferung. Die Definition, inwieweit Steuerbilanzen der Gesellschaften nur mit dem Mindestumfang generiert werden, kann in dem Customizing zur E-Bilanz entweder übergreifend für alle oder für ausgewählte Gesellschaften definiert werden.

E-Bilanz GCD-Daten-Erfassung

Neben der Übertragung der GAAP-Daten erfordert die E-Bilanz in Form der GCD-Daten (Global Common Document) auch die Übermittlung von Stammdaten des Unternehmens. ConVista ConsPrep bietet eine komfortable Eingabemaske zur Pflege der Stammdaten (GCD) an (siehe Abbildung 7.43).

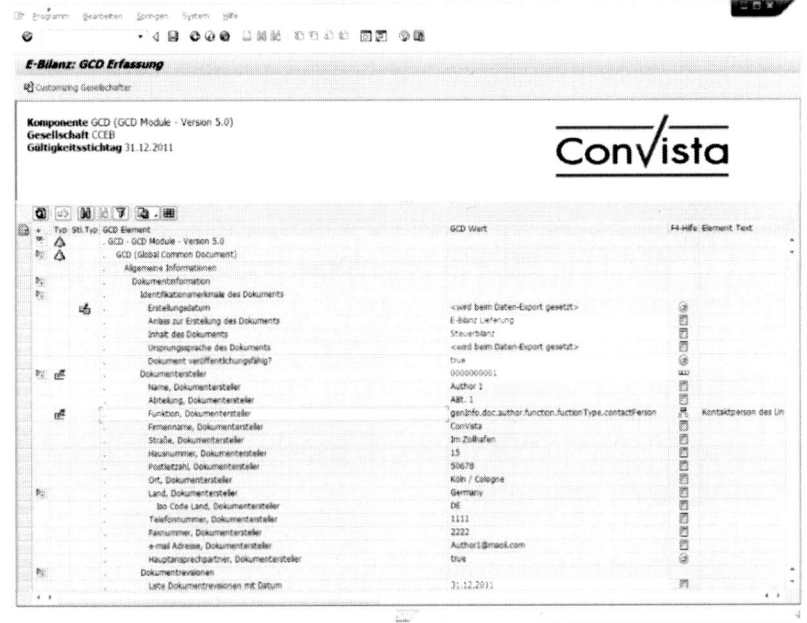

Abbildung 7.43: GCD-Eingabedialog

Die Eingaben können, soweit fachlich sinnvoll, auch buchungskreisübergreifend eingegeben werden und in die Folgejahre übertragen werden.

Systemseitig wird somit sichergestellt, dass die Daten zentral definiert und wiederverwendet werden können.

E-Bilanz Übermittlung/Integration des Elster Rich Clients (ERiC)

Zur Versendung des E-Bilanz-Instanzdokuments bietet die ConVista-Lösung zwei Alternativen an. Für SAP-Systeme mit einem Softwarerelease unterhalb des Releasestandes ECC 6.0 besteht die Möglichkeit, die zu übertragende E-Bilanz auf den Arbeitsplatz des Anwenders zu kopieren und mittels eines Windows/Linux Clients an die Finanzverwaltung zu senden.

Ab einer SAP-Releaseversion ECC 6.0 bietet die ConsPrep-Lösung die Möglichkeit, einen externen Webservice, der ebenfalls Teil des Produktes ist, zu verwenden. Der Webservice arbeitet asynchron mit dem SAP-System zusammen und überträgt die E-Bilanz über den seitens der Finanzverwaltung bereitgestellten „ERiC Client". Der Webservice ist für den Anwender vollständig transparent, die Ergebnisse werden zurück an das SAP-System übertragen, dort dokumentiert und zu weiteren Auswertungen bereitgestellt. Die Archivierung der übertragenen E-Bilanzen ist ebenfalls möglich.

Da es sich bei der ERiC API um eine nicht öffentliche Software handelt, die grundsätzlich ohne Überwachung mit der Finanzverwaltung kommunizieren kann, wurde zum Schutz der sensiblen Daten innerhalb des SAP-Systems das in Abbildung 7.44 dargestellte Implementationsszenario entworfen. Die Kommunikation zwischen dem SAP-System und dem ERiC-Client erfolgt dabei über ein offenes Protokoll (SOAP) mit optional zuschaltbarer Point-to-Point-Verschlüsselung. Durch dieses Szenario kann sichergestellt werden, dass nur kontrolliert Informationen an diesen Client gesendet werden können und ansonsten der Sender von der restlichen lokalen Systemlandschaft isoliert ist.

Fazit

Das Produkt ConVista ConsPrep implementiert die Funktionalität der E-Bilanz direkt in das SAP-System. Die Vorteile einer Realisierung der E-Bilanz innerhalb des ERP-Systems liegen in dem integrierten Datenbestand, mit der Möglichkeit bereits vorhandene Daten aus dem SAP FI zu nutzen und Änderungen an der prozessual richtigen Stelle durchführen zu können. Das Mapping der Bilanz- und GuV-Struktur inklusive der zusätzlich gebuchten Informationen (Zusatzkontierung) kann zu einer Reduktion der Anpassungsarbeiten an Kontenplänen führen und gleichzeitig den Grad der Erfüllung der E-Bilanzvorgaben steigern. Dennoch müssen alle Unternehmen in Deutschland einen neuen Prozess zur Erstellung der E-Bilanz implementieren. Die Zeit, in der die Steuerbilanzen auf Papier oder Excel entwickelt wurden, scheint endgültig vorbei zu sein.

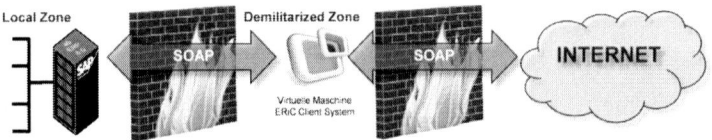

Abbildung 7.44: Beispielhafter Systemaufbau SAP/ERiC-Client

Erfahrungen aus der Pilotphase

Im Gesamtergebnis hat die Pilotphase bei ConVista gezeigt, dass eine Übermittlung der E-Bilanz in der geforderten Form und mit dem gewünschten Inhalt (beispielsweise Mindestumfang) möglich ist.

Während der Pilotphase mussten ConVista und ihre Pilotkunden – entsprechend dem Status einer Pilotphase – einige technische und fachliche Hürden überwinden, um den geforderten Umfang im ausreichenden Maße aufbereiten zu können. U. a. waren die Beschreibungen zur inhaltlichen Bedeutung einzelner Taxonomiepositionen naturgemäß noch nicht ausgereift. Weiterführende Erläuterungen zum Inhalt der Taxonomiepositionen und Musterbeispiele könnten zukünftig dem Anwender die Erfüllung der gesetzlichen Pflicht zur Abgabe der E-Bilanz erleichtern. Ebenfalls bestanden z. T. noch Unschärfen im geforderten Lieferumfang. So waren beispielsweise Felder, die inhaltlich nur von Personengesellschaften zu befüllen sind, auch für Kapitalgesellschaften zu übermitteln.

Vorteile/Funktionen im Überblick

Zusammenfassend wird durch das Produkt ConVista ConsPrep ein Paket an Funktionen zur Abbildung der E-Bilanz ausgeliefert, die den Unternehmen die Erfüllung dieser rechtlichen Verpflichtung natürlich nicht abnimmt, aber zeitlich sowie aufwandsseitig deutlich erleichtert:

- Verwendung der Daten aus SAP FI als Basis für die E-Bilanz

- Einfaches Mapping von Konten und/oder Positionen zu der entsprechenden Taxonomieposition

- Zuordnung von mehreren (Unter-)Konten mit Zusatzkontierungen zu einer HGB-Taxonomieposition

- Mapping als Vorlage speicherbar und somit für weitere Gesellschaften/Buchungskreise nutzbar

- Versioniertes Mapping

- Filterung auf beispielsweise den Mindestumfang oder auf nur mit Rechenregeln hinterlegte Taxonomiepositionen u. v. m.

- Übersichtliche Auflistung und Statistik der zugeordneten und der noch nicht zugeordneten Konten

- Komfortable Eingabeunterstützung (Infobutton, Nachverfolgung etc.)

- Automatische Berechnung von Summenfeldern

- Export als XBRL-Instanzdokument

- Integrierte Funktion zur Übertragung der Daten an das Finanzamt (Webservice)

- Archivierung der übersendeten Daten

Kontakt:

Oliver Kewes, Managing Partner

StB Heinrich Drinhausen, Project Manager

E-Mail: info@convista.com

7.8 b.tax von biX Consulting - BilMoG E-Bilanz und Steuerbilanz

b.tax wurde von der biX Consulting® GmbH & Co. KG in Ratingen entwickelt. Diese Anwendung dient dazu, alle Daten zu sammeln, die zum Erstellen der E-Bilanz notwendig sind, und darüber hinaus die Erstellung der E-Bilanz zu überwachen und zu steuern.

b.tax – Steuerbilanz auf Standardbasis

Die Lösung ist eine zusammen mit Kunden entwickelte Standardlösung auf Basis der Technologie des SAP NetWeaver: Business Information Warehouse (SAP BW) und Portal. Dabei wird das SAP BW zur Datensammlung und Datenhaltung, das SAP Portal zur Eingabe, Darstellung und Prozesssteuerung verwendet.

b.tax wurde nicht im Labor zusammengestellt, sondern ist aus der Praxis bedarfs- und anwendergerecht entwickelt worden. Es ist bereits erfolgreich bei einem DAX-Unternehmen im Einsatz; dieser Kunde konnte bereits in 2011 in der Pilotphase des BilMoG eine komplette Steuerbilanz aus über 300 Gesellschaften erstellen. Die Pilotphase lief schon im final abgenommenen Produktivbetrieb. Während des Betriebs waren keine Änderungen oder Korrekturen notwendig.

Der Vorteil von b.tax ist, dass eine Steuerbilanz im Quellsystem eines Unternehmens nicht notwendigerweise vorliegen muss. Es ist sogar unerheblich, ob überhaupt SAP FI oder ein anderes Buchhaltungssystem bei der Erstellung der Bilanz zum Einsatz kommt. Es ist sogar möglich, die Bilanz komplett manuell in b.tax zu erfassen und dabei die automatischen Berechnungen von Salden für die Bilanz und GuV zu nutzen.

Dabei berücksichtigt b.tax alle fachspezifischen Anforderungen für das „GCD"- und „GAAP"-Modul, die eine E-Bilanz-Lösung benötigt, um auf Basis eines Standards einsetzbar zu sein. Desweiteren bietet b.tax auch Flexibilität für unternehmensspezifische Anpassungen oder etwaige notwendige Änderungen.

Obwohl es das Ziel war, einen Standard aufzubauen, wurde bei der Entwicklung auf die Anpassbarkeit von Strukturen, Anwendungsoberflächen, Berechnungen und Prüfungen Wert gelegt. Somit ist für eine Vielzahl von Unternehmen einsetzbar – vom mittelständischen Einzelunternehmen bis zum schon erwähnten Großkonzern. Dabei besteht für die Unternehmen gemäß § 5b, 1 EStG die Möglichkeit, eine Handelsbilanz mit Überleitungsrechnung (über Bewegungsarten) oder alternativ eine eigene Steuerbilanz zu erstellen.

Als Standard für die Entwicklungsumgebung wird das SAP BW genutzt. Der Vorteil ist, dass der Entwicklungsaufwand schon während der ersten Erstellung gering gehalten werden konnte. Zudem ist das SAP BW eine weit verbreitete Anwendung für Datenhaltung, -darstellung und –pflege und kann im deutschsprachigen Raum schon als Quasi-Standardanwendung angesehen werden.

Das notwendige Wissen besteht meist schon im Unternehmen selbst, sodass Anpassungen, Wartung und Pflege nicht durch externe Berater oder einen Hersteller gewährleistet werden müssen (wobei dies durchaus im Sinne einer jährlichen Anpassung möglich ist). Weiterhin belastet es auch das SAP-System nicht, da dort keine Add-Ons eingespielt werden müssen. Auch mögliche Weiterentwicklungen können eigenständig durchgeführt werden.

Überblick über die Funktionalität

In diesem Abschnitt lernen Sie die Funktionalitäten kennen, die b.tax b.tax für eine komfortable und sichere Erstellung der Steuerbilanz bietet (siehe Tabelle 7.1). Wie schon erwähnt, handelt es sich um komplett vorgearbeitete Funktionen, die nach Installation und Laden der Unternehmensdaten über die bereitgestellten Schnittstellen sofort einsatzbereit sind.

Anwendungsbereich	Ausprägung
Erfassungsmöglichkeiten	Formularbasierte übersichtliche Eingabe von Daten für die Steuerbilanz, Freitexteingabe für Zusatzpositionen
Lademechanismen (Upload und Export)	Laden aus SAP FI oder Nicht-SAP Systemen, Bereitstellung von Ergebnissen für ERiC oder weitere Tools zur E-Bilanz-Übermittlung an das Finanzamt, kompletter Export im XBRL-Format
Berichte (optional)	Auswertung und Darstellung der E-Bilanz
Berechnungen	Automatische Berechnung von übergeordneten Positionen Aufsummierung der Bilanzanlagen
Prüfungen und Meldungen	Validierung der Eingaben, Konsistenzprüfungen (z.B. Muss-Positionen), Ausgabe von Ergebnismeldungen
Pflege von Basisdaten/ Stammdaten	Laden und/oder manuelle Pflege von Positionen, Hierarchien, Taxonomie, Anwender, Beteiligte Konzerngesellschaften
Prozesssteuerung und Statusverfolgung	Überblick des Status der abzugebenden Steuerbilanzen Grafischer Workflow für Meldeeinheiten und Anlagenstatus mit E-Mail-Benachrichtigungen und Statuskommentar
Berechtigung/Rollen	Umfassende Berechtigungssteuerung für verschiedene Rollen
GCD Stammdaten	Kommentare können im Tool hinterlegt werden, damit sie in der XML-Datei hinzugefügt werden

Tabelle 7.1: Überblick über Funktionalitäten von b.tax

Umfang von b.tax – der Inhalt

Mit b.tax erhalten Sie ein komplettes Paket für die Erfassung, Bearbeitung und Meldung aller steuerrelevanten Daten für die E-Bilanz Ihres Unternehmens. Als Grundlage wird die Handelsbilanz nach HGB (oder IFRS) genutzt. Dabei werden Ihnen folgende Anlagen im Standard zur Verfügung gestellt:

- ▶ Bilanzpositionen   25 Anlagen
- ▶ GuV-Positionen   34 Anlagen
- ▶ Ergänzende Anlagen für Personengesellschaften   1 Anlage
- ▶ Zusätzliche BilMoG-Daten/Anhänge   8 Anlagen

Somit wird Ihnen eine umfassende und komfortable Möglichkeit geboten, alle Daten zu prüfen, zu verändern oder zu erfassen. Besonders vorteilhaft: Summen- und Saldenpositionen sowie das Ergebnis der Bewegungsarten werden dabei automatisch berechnet.

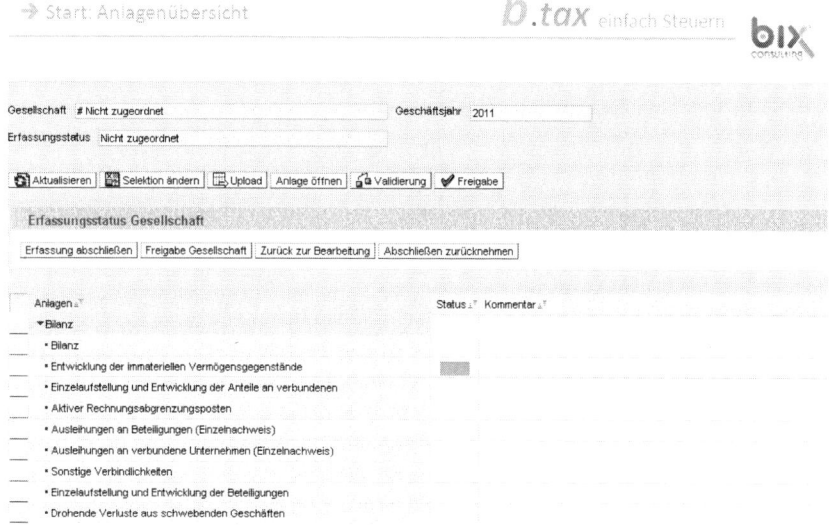

Abbildung 7.45: b.tax Anlagenübersicht als Einstieg (Standardlayout – kundenindividuell anpassbar)

Arbeiten mit b.tax – Prozess zur Erstellung der E-Bilanz

Vorbereitung → Laden → Pflegen → Eingeben → Ergänzen → Prüfen → Senden

Ist b.tax einmal installiert und für Ihr Unternehmen vorbereitet (siehe „Installation" weiter unten im Artikel), bedarf es im Prinzip geringen zu wiederholenden Aufwands bei der Vorbereitung auf eine Erfassungsrunde im Tool selbst.

Schritt 1: Vorbereitung der Erfassungsrunde

Pflegen oder aktualisieren Sie die GCD-Daten, wenn notwendig.

Laden Sie die Daten des aktuellen Kontenrahmens bzw. der Positionen sowie die entsprechende XBRL-Taxonomie oder pflegen Sie sie manuell (siehe Abbildung 7.46). Weiterhin legen Sie die Benutzer an, aktualisieren sie oder weisen Ihnen entsprechende Berechtigungen zu (bearbeiten, lesen, senden etc.).

Position ⇕	T1	T2	T3	T4	T5	T6	T7	T8	T9
• Geleistete Anzahlungen auf immaterielle Vermögensgegenstände	de	gaap	ci	bs	ass	fixAss	intan	advPaym	#
• Sonstige immaterielle Vermögensgegenstände	de	gaap	ci	bs	ass	fixAss	intan	other	#
• Geschäfts- oder Firmenwert	de	gaap	ci	bs	ass	fixAss	intan	goodwill	#
• Sonstige Rechte und Werte	de	gaap	ci	bs	ass	fixAss	intan	concessionBrands	other
• EDV-Software	de	gaap	ci	bs	ass	fixAss	intan	concessionBrands	software
• Lizenzen an Rechten und Werten	de	gaap	ci	bs	ass	fixAss	intan	concessionBrands	licenses
• Gewerbliche Schutzrechte	de	gaap	ci	bs	ass	fixAss	intan	concessionBrands	tradeMarks
• Konzessionen	de	gaap	ci	bs	ass	fixAss	intan	concessionBrands	concession
▲ Entgeltlich erworbene Konzessionen, gewerbliche Schutz- und	de	gaap	ci	bs	ass	fixAss	intan	concessionBrands	#
• Selbst geschaffene gewerbliche Schutzrechte und ähnliche Rec	de	gaap	ci	bs	ass	fixAss	intan	selfmade	#
▲ Immaterielle Vermögensgegenstände	de	gaap	ci	bs	ass	fixAss	intan	#	#

Abbildung 7.46: Darstellung und Pflege der Taxonomie (Auszug)

Schritt 2: Laden der Bilanz- und GuV-Daten

Sofern vorhanden, können Sie nun Daten aus dem SAP FI laden, d.h. Daten der Handelsbilanz, ob HGB oder IAS/IFRS oder sogar die schon fertige Steuerbilanz (siehe Abbildung 7.47). Beim Laden wird die gültige Taxonomie zugeordnet und Ihre E-Bilanz wäre schon fast fertig.

Natürlich können Sie Daten auch aus Nicht-SAP-Systemen laden (siehe Abbildung 7.47). Dazu wird den Anwendern eine komfortable Benutzeroberfläche zur Verfügung gestellt. Diese ermöglicht auch das Prüfen der geladenen Daten.

b.tax - Laden von Dateien

Geben Sie die Selektionsauswahl ein. Diese Selektion wird bis zum Speichern geschützt.

Geben Sie den Dateinamen an oder nutzen Sie "Durchsuchen" zur Suche.
File Name: [_____] [Durchsuchen...]

[📄 Upload] [💾 Save] [❌ Undo]

Abbildung 7.47: b.tax - Laden von Daten aus der Einstiegsoberfläche aus

Schritte 3, 4 und 5: Pflegen, eingeben oder ergänzen

Sind die Daten geladen und damit komplett, können Sie direkt zum Prüfen übergehen (siehe Abbildung 7.48). Allerding muss in den meisten Fällen der Datenbestand ergänzt werden, selbst wenn eine Steuerbilanz in SAP erstellt und geladen worden ist. Die zusätzlichen Anhänge, deren Inhalt nicht aus dem ERP-System stammt, müssen manuell gepflegt werden oder es muss Freitext zu Pflichtpositionen erfasst werden (z.B. Mietverträge etc.).

Sollten z.B. bei kleinen Gesellschaften überhaupt keine Daten vorliegen, können die Werte direkt in b.tax erfasst werden. Dazu ist es, wie schon erwähnt, sehr vorteilhaft, dass Summen- und Saldenpositionen sich automatisch errechnen.

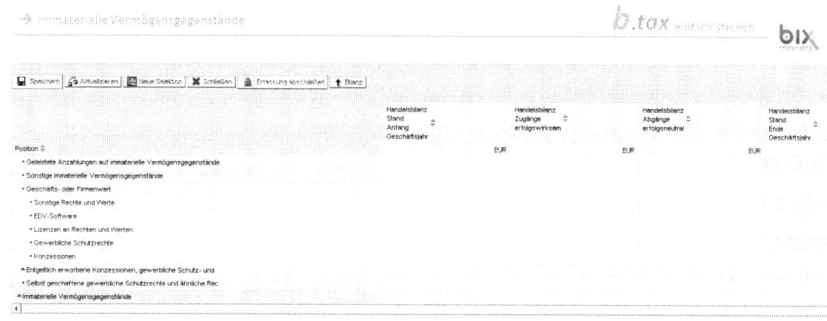

Abbildung 7.48: Erfassungslayout mit Eingabe (weiße Felder) und automatischer Berechnung (blaue Felder)

Schritt 6: Prüfen

Sind die Daten fertig gemeldet, gibt es verschiedene Prüfmechanismen. So wird zunächst einmal visuell angezeigt, ob alle Anlagen ausgefüllt wurden. Dies kann ganz einfach der Anlagenübersicht, dem Einstiegsbildschirm, entnommen werden. Beim Melden bzw. Senden der Information, dass die Datenerfassung abgeschlossen wurde, werden die Daten noch einmal geprüft. Die Anwendung prüft dabei auf Differenzen bei Aktiva und Passiva, Jahresüberschuss/Jahresfehlbetrag von GuV zu Handelsbilanz etc.

Schritt 7: Senden

Das Senden kann nun in unterschiedlicher Art und Weise geschehen. Sofern es der Prozess in einem Konzern verlangt, kann zum einen die Information an die zentrale Steuerabteilung gesendet werden, dass die Erfassung für die Gesellschaft abgeschlossen wurde. So kann die zentrale Steuerabteilung die weitere Bearbeitung übernehmen. Zum anderen werden die Daten selbst zum Export bereitgestellt, sobald die Steuerbilanz abgeschlossen wurde. Das heißt, sie werden auf einem Verzeichnis im XML-Format so zur Verfügung gestellt, dass sie von einem Sende-Client an die Finanzbehörden versandt werden können; dies kann z.B. über ERiC geschehen.

Aufbau des Systems von b.tax und Architektur

Zur Unterstützung des gesamten Prozesses nutzt b.tax folgenden Komponenten, wie im SAP BW üblich:

1. Schnittstellen/Datensammlung:

SAP BW verfügt mit dem sog. Business Content über vordefinierte Standardschnittstellen (Extraktoren, bestehend aus DataSources /InfoSources), die Daten aus dem SAP FI ohne weitere Anpassungen laden können.

Auch aus Nicht-SAP Systemen können die Daten über die Schnittstelle geladen werden. Vorlagen zur Befüllung der Schnittstellen werden mitgeliefert, sodass sie problemlos eingesetzt werden können.

Beim Laden der Daten werden direkt die richtigen Stammdaten zugeordnet. Auch die Zuordnung zur XBRL-Taxonomie und ggf. einer weiteren

Kontierung ist möglich, falls z.B. eine weitere externe Software zur Erstellung und Übermittlung der E-Bilanz beteiligt ist, die Daten also exportiert werden (z.B. Schleupen, Datev). Somit können die Daten einer Bilanz nach HGB oder IFRS oder gar einer fertigen Steuerbilanz geladen werden.

2. Datenhaltung:

Für die Datenhaltung sind InfoCubes vorgesehen, die genau der richtigen Struktur entsprechen, um Daten für die E-Bilanz vorzuhalten. Sicherungs- und Archivierungs-Cubes sichern Ihre Daten ab und halten sie auch für das Berichtswesen nach dem Abschluss vor. Stammdaten (Anwender, Positionen, Gesellschaften) können durch Anwender selbst gepflegt werden (siehe Abbildung 7.49).

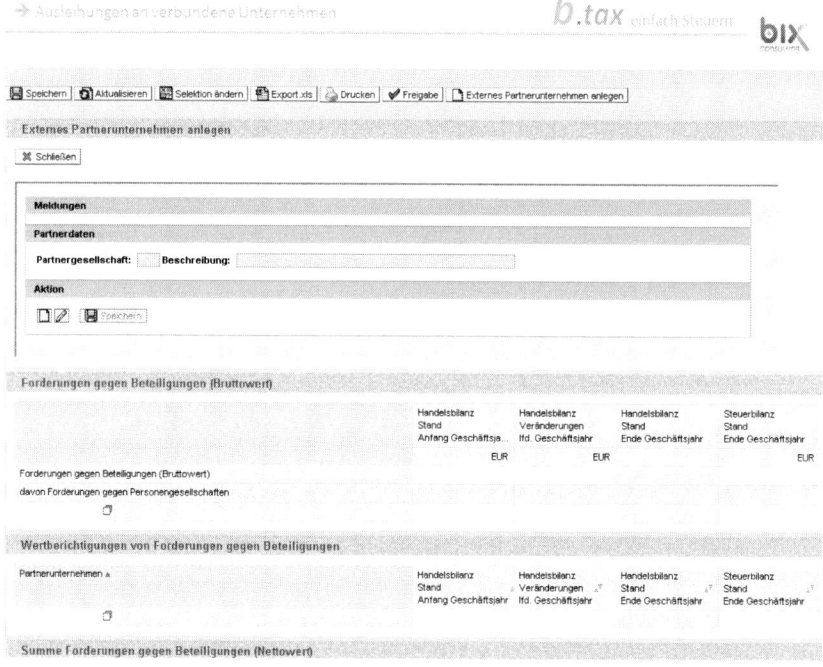

Abbildung 7.49: Stammdatenerfassung integriert in einem Erfassungslayout (ein-/ausblendbar)

3. Anzeige sowie Dateneingabe:

Die selbsterklärende, einfach zu nutzende Oberfläche ermöglicht die Anzeige, aber auch die Erfassung von Daten für die Handels- und/oder Steuerbilanz. Als Komponente werden SAP-BW-Berichte im Zusammenhang mit der Komponente SAP BW Integrierte Planung (SAP BW-IP)verwendet. Weiterhin ermöglicht wird eine Dateneingabe von Freitextfeldern, zu denen es keine SAP-Positionen gibt (siehe Abbildung 7.50). Die Oberfläche bietet dem Anwender (je nach Berechtigung) die Möglichkeit der Stammdatenpflege von z.B. Verbunden Konzernunternehmen oder Gesellschaften, die nicht zentral gepflegt sind.

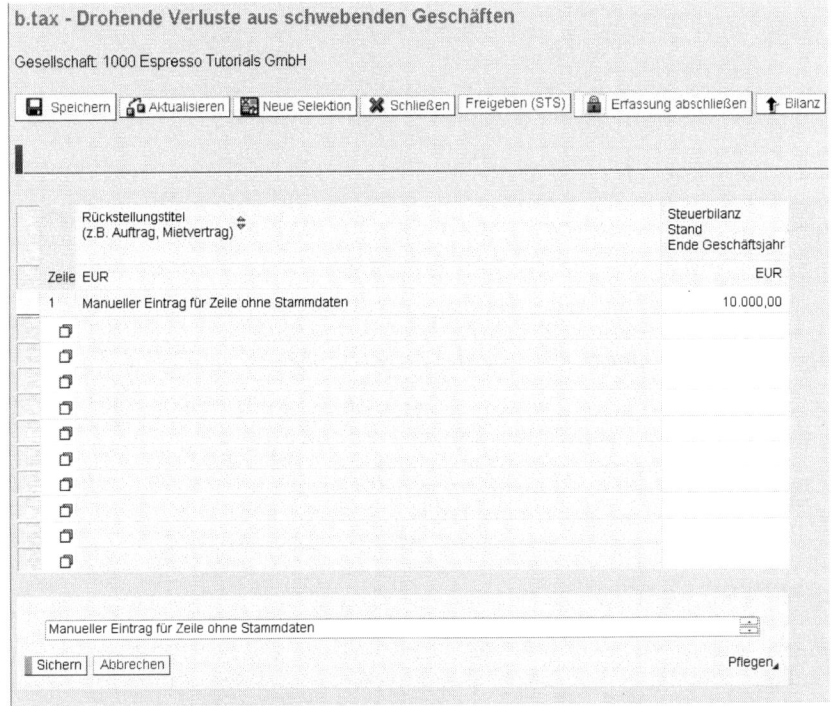

Abbildung 7.50: Erfassung von zus. Informationen als Freitext zu Pflichtpositionen

4. Prozesssteuerung und Statusmonitoring:

Die Einstiegssicht führt die Anwender durch den Erfassungsprozess und ermöglicht eine lückenlose Abarbeitung aller auszufüllenden Anlagen. Dabei bietet die Einstiegssicht alle für die E-Bilanz notwendigen Anlagen. Der Anwender springt von hier aus in die gewählte Anlage, um die

geladenen Daten zu prüfen oder Eingaben bzw. Änderungen vorzunehmen. Eine farbige Markierung an der Anlage zeigt den Status der Bearbeitung:

▸ Anlage in Bearbeitung

▸ Ohne Daten freigegeben (falls keine Muss-Anlage)

▸ Mit Daten freigeben (Muss-Anlage ausgefüllt/korrekt geladen)

Dies ist insbesondere auch dann hilfreich, wenn mehrere Sachbearbeiter
an der Erstellung einer Bilanz für die Gesellschaft arbeiten. Zudem hilft
die Kommentierung der Anlage bei der Übersicht zum jeweiligen Status.

Wie wird b.tax eingeführt – 3 Schritte bis zur Nutzung

Installation – Datenpflege – Test → Nutzung

Bei b.tax handelt es sich um eine Standardlösung im Sinne einer im SAP
BW aufgebauten Anwendung. Wie erwähnt, kommen hier u.a. InfoCubes, Extraktoren und Berichte zum Einsatz, die eigens für die Lösung
vordefiniert sind. Die Einführung von b.tax erfolgt über einen Transport in
Ihr SAP-BW-System. Dabei werden die Voraussetzungen im Vorfeld detailliert überprüft, um Inkonsistenzen zu vermeiden.

Nach dem erfolgreichen Transport können kundenindividuelle Anpassungen durchgeführt werden, damit die Anwendung einwandfrei funktioniert und kundeneigene Wünsche berücksichtig werden.

Die Datenpflege kann nun beginnen. Stammdaten, wie etwa die Positionen, deren Hierarchie, die Zuordnungen für die XBRL Taxonomie, Benutzer und deren Berechtigungen etc. werden geladen oder manuell erfasst bzw. gepflegt.

Aufgrund bestimmter Abhängigkeiten werden einige Anlagen vor der
Nutzung angepasst, damit die Zuordnung innerhalb der Anlagen konsistent ist. Viele der Anlagen werden aber über die Positions-Hierarchie
aufgebaut, bei denen dann keine gesonderte Anpassung mehr notwendig ist. Vor der endgültigen Nutzung wird die Anwendung auf Basis von
Abnahmekriterien durchgängig getestet und der Live-Betrieb simuliert.

Zusammenfassung

Mit b.tax von biX Consulting erhalten Sie eine umfassende Lösung für Ihr
Unternehmen. Dabei ist es unerheblich, welche Größe Ihr Unternehmen

hat. Voraussetzung ist der Einsatz des SAP NetWeaver Business Information Warehouse (SAP BW), das in vielen Unternehmen schon genutzt wird.

Als Vorteil kann dabei die Nutzung eines Standards als Basis der Lösung gesehen werden. Das SAP BW kann für viele Anwendungen im Unternehmen genutzt werden, die im Bereich Berichtswesen und Planung bzw. der Datenerfassung liegen. Somit wird die Investition besser genutzt und der Standard im Unternehmen etabliert.

b.tax unterstützt mit einer Vielzahl von vorgefertigten Funktionen das Sammeln der Steuerdaten auf allen wichtigen Ebenen:

- ▶ Datenanlieferung
- ▶ Erfassung über komfortable Eingabeoberflächen
- ▶ Laden von Quelldaten (SAP oder andere Quellen)
- ▶ Bedienung durch die Anwender selbst
- ▶ Automatische Prüfung auf Konsistenz der Daten
- ▶ Steuerung und Überwachung des Erstellungsprozesses
- ▶ Prüfroutinen.

Ist der Datensammlungsprozess durchgeführt und abgeschlossen, stehen die Daten zum Export bereit. Dabei hat die Zuordnung, das sog. Mapping, zur XBRL-Taxonomie schon stattgefunden und die Daten lassen sich über einen Sende-Client, z.B. ERiC, an die Behörden überführen.

Ganz nebenbei kann die Lösung auch für einen Planungsprozess für Bilanz und GuV verwendet werden, wie dies schon bei einem Versorgungskonzern erfolgreich zum Einsatz kommt. Hier helfen die gleichen Funktionen beim Erfassungs- und Ladeprozess sowie dessen Steuerung. Und insbesondere die Integration des SAP BW spielt hier alle Vorteile aus, da die Basisdaten aus dem ERP-System und den Teilplänen im SAP BW gespeist werden. Die Möglichkeiten des Reportings und z.B. das Zusammenspiel mit SAP Business Objects runden die Vorteile noch ab.

Thomas Bauer ist geschäftsführender Partner der biX Consulting GmbH & Co. KG und berät verantwortlich in den Themen Unternehmensberichtswesen und –planung (insbes. im Bereich Finanzen und Controlling) sowie strategische Ansätze für Business Intelligence. Er hat diese Lösung zusammen mit Kunden verantwortlich konzipiert und die Umsetzung bis hin zum Training begleitet. Auf Kundenseite war unter anderem ein Mitglied des Komitees zur Erstellung der XBRL-Taxonomie in Deutschland aktiv.

biX Consulting ist ein auf Beratung spezialisiertes Unternehmen im Bereich Business Integration. Dies umfasst u.a. die Fokusfelder Business Information Design, Business Process Support, Information Services Supply und Corporate Performance Management.

Kontakt: biX Consulting GmbH Co. KG – Josef-Schappe-Str. 21 – 40882 Ratingen

thomas.bauer@bix-consulting.de – www.bix-consulting.de

7.9 adi5! von adept consult – schneller Weg zur E-Bilanz

Mit adi5! E-Bilanz bietet die adept consult AG eine integrierte Lösung, die E-Bilanzen ohne großen Aufwand zur Verfügung stellt. Mit Hilfe der Software können Steuerbilanzen nutzerfreundlich unabhängig vom genutzten ERP-System erzeugt werden. Die Lösung ermöglicht es Unternehmen, ihre E-Bilanz in Form der Steuerbilanz termingerecht sowie in der geforderten XBRL-Darstellung einzureichen. Sie stellt damit die Betriebs- und Revisionssicherheit der E-Bilanz-Prozesse für Unternehmen her.

Unterschiedliche Ausgangslage in den Unternehmen

Unternehmen, die heute bereits ihre Steuerbilanz mit SAP erstellen, haben für die Umsetzung der E-Bilanz einen deutlichen Vorsprung, da sie „nur noch" die korrekte Umsetzung ihrer Steuerbilanz in die Form der Taxonomie benötigen. Dies kann durch ein entsprechendes Konto-Mapping oder durch zusätzliche Buchungen erfolgen, die den geforderten Detaillierungsgrad erzeugen. Der größte Baustein zur Umsetzung der E-Bilanz ist damit bereits erfüllt.

Die SAP-Anwender, die heute ihre Steuerbilanz nicht im SAP-System erstellen, stehen vor den Fragen: „Bilde ich meine Steuerbilanzerstellung mit den Mechanismen von SAP ab?" oder „Nutze ich eine alternative Lösung, die den Prozess der Steuerbilanzerstellung flexibler, transparenter, kostengünstiger und nachvollziehbarer abbildet?". Schließlich sind mit der Steuerbilanzerstellung nicht nur die Buchungen selbst verbunden, sondern auch die Dokumentation der Unterschiede zur HGB-Bilanz. Diese gilt es im Falle einer entsprechenden Betriebsprüfung den Prüfern des Finanzamtes verständlich und nachvollziehbar zu belegen. Das macht häufig einen detaillierten Nachweis des Sachverhaltes, seiner Buchungen in der HGB-Bilanz und der korrespondierenden Buchung in der Steuerbilanz nötig, zusammen mit einer entsprechenden Kommentierung.

Umbuchungen verlangen außerdem häufig Nebenrechnungen, die aktuell in vielen Unternehmen in Form von Excel-Berechnungen erstellt werden. Der notwendige Buchungsbetrag wird dort ermittelt und die Excel-

Sheets werden gleichzeitig zur Dokumentation verwendet, meist mit einer entsprechenden Kommentierung. Sie müssen deshalb für spätere Zugriffe archiviert werden.

E-Bilanz bringt eine neue Stufe der elektronischen Verarbeitung

Bedingt durch die E-Bilanz wird eine weitere Stufe der automatisierten elektronischen Verarbeitung im Bereich Bilanzierung und Rechnungswesen eingeläutet. Deshalb stellt sich die Frage, in wie weit die manuelle Verwaltung von Nebenrechnungen, Notizen und Erläuterungen nicht direkt in dem System erfolgen muss, mit der die Steuerbilanz erstellt wird. Denn nur hier wird an zentraler Stelle sichergestellt, dass im Falle der Prüfung alle notwendigen Information und Nachweise ohne weitere Verwaltungsarbeiten und manuelle Aufwände sicher verfügbar sind.

adi5! als Gesamtlösung

adi5! ist ein eigenständiges System für die Bilanzierung und wendet sich an Anwender, die im Rahmen der E-Bilanz bzw. des gesamten Bilanzierungsprozesses größtmögliche Sicherheit und Wirtschaftlichkeit suchen. Dies gilt sowohl für die Einführung, aber insbesondere auch für den jahrelangen dauerhaften Prozess und den damit verbundenen Arbeitsaufwänden der Mitarbeiter im Bereich Rechnungswesen und Steuern

Umfang von adi5!

adi5! unterstützt den gesamten Bilanzierungsprozess, von der Erstellung der HGB-Bilanz (auch IFRS oder US-GAAP), über die Erstellung der Steuerbilanz bis hin zur E-Bilanz. Aufgrund der modularen Bauweise lässt es sich genau mit der Funktionalität in die Steuerabteilung eines Unternehmens einbauen, die noch zur Vervollständigung des Bearbeitungsprozesses hin zur E-Bilanz benötigt wird.

Die neuen Anforderungen der E-Bilanz erfordern von den Unternehmen eine Überarbeitung und Modifikation ihrer heutigen Bilanzierungs- und Steuerprozesse. Genau hier erfüllt adi5! die Anforderungen passgenau mit einem einzigen Werkzeug und beseitigt alle Schwachstellen der bisherigen Prozesse.

Die Anbindung von adi5! an SAP erfolgt durch die Datenübernahme mittels einer klar definierten Schnittstelle. Andere ERP-Systeme werden ebenso einfach verknüpft.

Zur Erstellung und Abgabe der E-Bilanz gibt es einen klar definierten generellen Ablauf:

1. HGB-Daten übernehmen

2. HGB-Bilanz berechnen

3. Vorläufige Steuerbilanz erstellen

4. Steuerlichen Gewinn ermitteln

5. Steuerlast (KST, Soli, GWST) ermitteln

6. Steuern in Steuerbilanz und HGB-Bilanz buchen

7. Finale Steuerbilanz und HGB-Bilanz berechnen

8. Steuerbilanz zur behördlichen Taxonomie zuordnen (Mapping)

9. Taxonomie berechnen

10. Taxonomie in die eigentliche E-Bilanz konvertieren und versenden

Je nach Anwendersituation verkürzt sich dieser Ablauf, wenn der Anwender die komplette Steuerbilanz / -GuV bereits in SAP erstellt. Dann wird die Steuerbilanz in adi5! übernommen und der Prozess wird mit der Taxonomie-Zuordnung fortgeführt.

Zur Durchführung der verschiedenen Arbeitsschritte stellt adi5! wesentliche zentrale Funktionen zur Verfügung:

▶ Verwaltung aller notwendiger Stammdaten
▶ Regelbasierte „Buchungs-Engine"
▶ Rechenkern für Bilanzstrukturen und Etikettierung
▶ ERiC-Integration und XBRL-Konvertierung
▶ Prozess-Automation und -Steuerung

Im Detail sieht der Ablauf unter Verwendung der beschriebenen zentralen Funktionen wie folgt aus:

HGB-Daten übernehmen: Die Übernahme der Stammdaten (Bilanzstruktur, Konten, Kontozuordnung) und der Kontensalden aus dem SAP-System kann automatisiert oder manuell durch den Bearbeiter angestoßen erfolgen. Es werden alle bereitgestellten Daten von SAP oder von

Fremdsystemen (definierte Schnittstelle) übernommen und in der Datenbank von adi5! versioniert abgelegt.

HGB-Bilanz berechnen: Die HGB-Bilanz wird nun mit den eingespielten
Daten berechnet und auf Übereinstimmung mit der HGB-Bilanz in SAP
geprüft. Stimmen die Werte überein, so ist die Arbeitsgrundlage für die
Erzeugung der vorläufigen Steuerbilanz gegeben und die HGB-Bilanz
(vor Steuern) kann freigegeben werden.

Vorläufige Steuerbilanz herstellen: Auf Basis der gebuchten HGB Daten werden nun für alle steuerlichen Vorgaben die erforderlichen Umbe-
wertungen und Umrechnungen in der Steuerbilanz vorgenommen. Voraussetzung dafür ist eine entsprechende Steuerbilanzstruktur, die sowohl HGB-Konten als auch die benötigten Steuerkonten enthält. Die
Steuerbilanzstruktur kann aus SAP übernommen oder direkt in adi5! gepflegt werden. Für die Buchungen wird die regelbasierte „Buchungs-
Engine" verwendet. Auf Basis vorkonfigurierter Regeln für die verschiedenen steuerlichen Sachverhalte werden die bestehenden Tatbestände
verbucht. Jede einzelne Sachverhaltsregel bildet die notwendige Berechnung des zu verbuchenden Betrages ab. Der Anwender muss dabei
nur die für die Berechnung notwendigen Parameter durch die Zuordnung
von Konten, Positionen oder für diesen Kontext definierte Konten-, Posi-
tions- und Rechengruppen befüllen. Diese Gruppen werden als Stammdaten gepflegt und erlauben die Aggregation von Salden und, bei den
Rechengruppen, sogar die Verknüpfung durch mathematische Operato-
ren. Damit lassen sich alle in Excel abgebildeten Nebenrechungen
durchführen. Quasi nebenbei werden alle Eingaben automatisch vollständig dokumentiert und sind jederzeit historisch nachvollziehbar. Jede
Buchung wird mit einem Text erläutert, der mit der Buchung gespeichert
wird.

Sachverhalte die jährlich wiederkehren, können als „Master-Buchungen"
mit einem Ablaufdatum angelegt werden, sie werden dann in den nächsten Jahren automatisch zu Buchungen. Dies reduziert den Aufwand der
Steuerbilanz-Erstellung in den Folgejahren deutlich, da dann nur die im
Unternehmen hinzu gekommenen Sachverhalte ergänzt oder angepasst
werden, wenn es hier Veränderungen gibt.

Wesentliche steuerliche Sachverhalte sind z.B. die Behandlung unterschiedlicher Abschreibungszeiträume zwischen HGB und Steuerbilanz, die Zulässigkeit von Rückstellungen, die Behandlung immaterieller Wirtschaftsgüter etc.

Wenn alle notwendigen Buchungen zur Herstellung der steuerlichen Korrektheit durchgeführt wurden, wird die Steuerbilanz neu berechnet. Im Rahmen der steuerlichen Umbuchungen können auch direkt die latenten Steuern berechnet und in der HGB-Bilanz gebucht werden.

Steuerlichen Gewinn ermitteln: Um die Steuerlast richtig zu ermitteln, wird auf Basis der vorläufigen Steuerbilanz der steuerliche Gewinn berechnet. Dies erfolgt durch die sogenannten außerbilanziellen Korrekturen für Sachverhalte wie Aufsichtsratsvergütung, Geschenke, Bewirtung usw. Die hierzu notwendigen Berechnungen werden ebenfalls regelbasiert mit der „Buchungs-Engine" durchgeführt. Nach Ausführung aller betroffenen Regeln ist der steuerliche Gewinn ermittelt.

Steuerlast (KST, Solidaritätszuschlag, GewSt) ermitteln: In diesem Arbeitsschritt wird die Steuerlast der Körperschafts- und der Gewerbesteuer sowie der Solidaritätszuschlag aufgrund des ermittelten steuerlichen Gewinns berechnet. Auch hierbei kommt die regelbasierte Buchungs-Engine zum Einsatz.

Steuern in Steuerbilanz und HGB-Bilanz buchen: In diesem Arbeitsschritt werden die aus der Steuerlast ermittelten Körperschafts- und Gewerbesteuerbeträge und der Solidaritätszuschlag in die Steuerbilanz und die Handelsbilanz gebucht.

Steuerbilanz und HGB-Bilanz berechnen: Nach der vollständigen Verbuchung aller Werte werden sowohl die Steuerbilanz als auch die HGB-Bilanz neu berechnet. Die HGB-Bilanz enthält danach die Berechnung nach Steuern mit der entsprechenden Steuerschuld und allen latenten Steuern. Nach der Berechnung der Steuerbilanz mit den finalen Werten, stehen die gesamten Daten zur Erstellung der E-Bilanz bereit.

Taxonomie-Mapping: Die im Rahmen der Steuerbilanz und HGB-Bilanz gebuchten Konten werden sachgerecht der Taxonomie zugeordnet, sofern nicht schon eine entsprechende Zuordnung aus dem Vorjahr existiert. Für diesen Fall wird von adi5! die notwendige Aktualisierung bei der

Kontenzuordnung durchgeführt. Dazu stellt adi5! einen Dialog dar, der eine einfache Zuordnung oder Anpassung ermöglicht.

Taxonomie berechnen: Auf Grundlage der vollständig zugeordneten Konten kann die Taxonomie berechnet werden. Die entsprechende Berechnung muss mit der Steuerbilanz / -GuV übereinstimmen. Erfordert die Taxonomie-Darstellung noch eine Aufteilung von Werten, die über den Detailgrad in der Steuerbilanz hinaus geht, kann in der Taxonomie noch umgebucht und die Taxonomie anschließend erneut berechnet werden.

Taxonomie versenden: Nachdem die Taxonomie bearbeitet und berechnet ist, folgen die automatische Konvertierung ins XBRL-Format und der Versand der XBRL-Version mit ERiC. Hierzu sind keine manuellen Arbeitsschritte nötig.

adi5! versioniert die Daten. Dabei kann der Anwender selbst festlegen, wie viele Versionen er im Rahmen des Bilanzierungsprozesses zur besseren Nachvollziehbarkeit nutzen möchte. Das in Abbildung 7.51 dargestellte folgende Schaubild veranschaulicht das Prinzip.

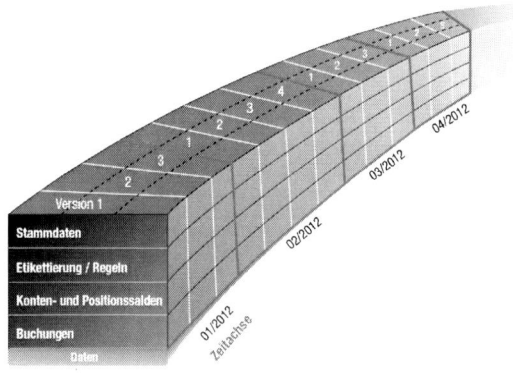

Abbildung 7.51: Schema Datenablage in adi5!

adi5! Regelbasierte „Buchungs-Engine"

Funktionalität und Flexibilität von adi5! beruhen wesentlich auf der Funktionalität der regelbasierten Buchungs-Engine. Sie besteht aus einer Dialogkomponente und dem Regelinterpreter. Grundlage für beide Komponenten ist die fachliche Regel, die für einen Sachverhalt die Berechnung des Buchungsbetrages einer Umbuchung beschreibt. Dabei kann nicht nur eine Umbuchung, sondern mehrere Umbuchungen zu einem Sachverhalt zusammengefasst werden. Der Dialog erkennt die Anforderungen der Regel und weiß, wie viele Buchungen zu erzeugen sind. Er ermöglicht die Befüllung von Parametern der Regel sowie die Auswahl der Konten für das jeweilige Buchungspaar. Verlangt eine Regel mehrere Buchungen zu diesem Sachverhalt, so stellt der Dialog sicher, dass alle Angaben korrekt befüllt wurden und bietet das Ergebnis dem Sachbearbeiter zur Freigabe kann.

Der Regelinterpreter übernimmt auf Basis der im Dialog befüllten Parameter die Berechnung des Buchungsbetrages und zeigt dabei auch die zu den einzelnen Parametern errechneten Zwischenergebnisse an. Die Regel wird dann zusammen mit den Zwischenergebnissen und der erzeugten Buchung abgespeichert. Die folgende Regel zeigt dies beispielhaft:

Formel HGB-kum-AFA-Ausbuchung:

<@Objekt[Anschaffungswert]>{15000.0}   /

 <Objekt[HGB Monate]){60}   *

(<@Periode>{2010-12-01}   −

<Objekt[Anschaffungsdatum]{2010-01-21}> −

<@Objekt[PRT]{0})   = 0.0

Zusammenfassung

adi5! erfüllt alle Anforderung der E-Bilanz von der Finalisierung der HGB-Bilanz bis hin zur elektronischen Übergabe an die Finanzbehörden. Dies sind im Wesentlichen:

▶ Verwaltung beliebig vieler Bilanzstrukturen
▶ Beliebige Anzahl von Versionen
▶ Vollständige Historisierung von Änderungen
▶ Vollständige Stammdatenverwaltung
▶ Regelbasierte Buchungs-Engine
▶ Rechenkern für Bilanzstruktur und Etikettierung
▶ Prozessautomation / -steuerung

- Berechtigungssystem mit Rollenkonzept
- Steuerberechnung (steuerlicher Gewinn, Steuerlast, latente Steuern)
- Steuererklärung
- ERiC-Integration und XBRL-Konvertierung

Dabei stellt adi5! flexible Mechanismen bereit, mit denen die komplexen Berechnungen und Umbuchungen, die im Rahmen der Steuerbilanzerstellung notwendig sind, transparent und nachvollziehbar dokumentiert werden und mit entsprechenden Kommentaren versehen werden können. Durch die Möglichkeit der Versionierung erlaubt adi5! auch die Anpassung historischer Daten in Form neuer Versionen, um Ergebnisse von Betriebsprüfungen in die Steuerbilanz zu integrieren und für die Folgejahre zur Fortschreibung nutzen zu können.

Die einfachen Dialoge und die übersichtliche Gestaltung des Systems reduzieren die Einarbeitungszeit und Einarbeitungskosten erheblich. Durch die klar definierte Schnittstelle zu SAP, die auch das Laden von Daten anderer ERP-Systeme oder Quellen erlaubt, reduziert sich die Einführungszeit des Systems auf ein Minimum.

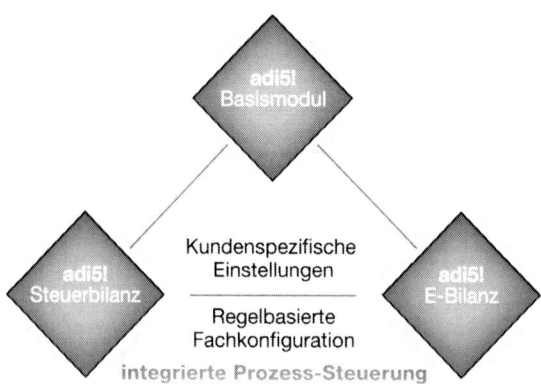

Abbildung 7.52: Fachmodule adi5!

Mit adi5! erhält man die komplette Funktionalität gebündelt in einem System, was auch die Gesamtbetriebskosten in der IT deutlich reduziert.

adept consult AG

adept consult ist ein Lösungsanbieter für Informationslogistik und Business Intelligence, spezialisiert auf die Bereiche Rechnungswesen, Steuern & Finanzen und Asset Management. Das Unternehmen bietet innovative Software-Lösungen, die zu einer nachhaltig verbesserten Wirtschaftlichkeit und Prozessabwicklung führen. Mit den Produkten adi5! und adi5! E-Bilanz bietet adept consult in den Bereichen Bilanzierung, Bilanzkonsolidierung, Steuerbilanzerstellung und E-Bilanz leistungsstarke und kostengünstige IT-Lösungen zur sicheren Erfüllung zentraler Unternehmensaufgaben.

Der Autor Klaus Beck-Dede ist Vorstandsvorsitzender der adept consult AG und Experte im Bereich E-Bilanz. Er hält verschiedene Seminare zum Thema „Die technischen Herausforderungen der E-Bilanz" und berät Unternehmen bei der Gestaltung ihrer neuen Prozesse.

Kontakt: adept consult AG, Klaus Beck-Dede, klaus.beck-dede@adept-consult.de, www.adept-consult.de

7.10 LYNX E-Bilanz Browser Produktbeschreibung

Übersicht

Der von der Lynx-Consulting GmbH entwickelte Lynx *E-Bilanz Browser* versetzt Unternehmen in die Lage, die Steuerbilanz elektronisch zu erfassen und an die Finanzbehörden zu übermitteln. Dabei wird ein pragmatischer Ansatz verfolgt, der sich nahtlos in die bestehende IT-Landschaft eines Unternehmens einfügt.

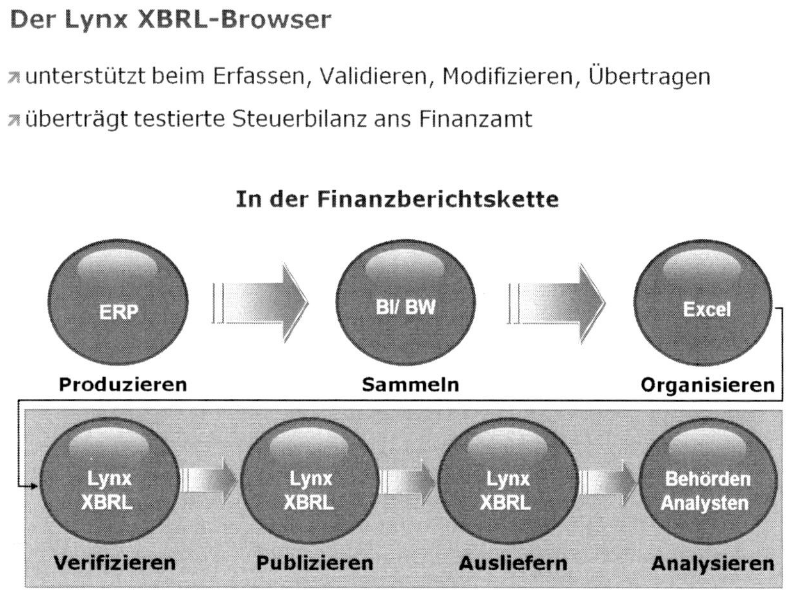
Der Lynx XBRL-Browser
unterstützt beim Erfassen, Validieren, Modifizieren, Übertragen
überträgt testierte Steuerbilanz ans Finanzamt
In der Finanzberichtskette
ERP
BI/ BW
Excel
Produzieren
Sammeln
Organisieren
Lynx XBRL
Lynx XBRL
Lynx XBRL
Behörden Analysten
Verifizieren
Publizieren
Ausliefern
Analysieren

Abbildung 7.53: Die Finanzberichtskette in Zukunft

Häufig erfassen Unternehmen ihre Handelsbilanz im ERP System und führen dort auch den kompletten Jahresabschluss durch. In einigen Unternehmenskonstellationen wird darüber hinaus in Business-Intelligence-Systemen bzw. Data-Warehouse-Systemen eine weitere Konsolidierung von Daten vorgenommen. Praktische Anwendungsfälle sind dabei die Konsolidierung von Jahresabschlussinformationen. Denkbar sind aber auch Verschmelzungen und das Führen von Teilbuchhaltungen.

In den meisten Fällen wird im Unternehmen selbst bzw. durch den Wirtschaftsprüfer oder den Steuerberater die Steuerbilanz in Form der Überleitungsrechnung erstellt. Dies geschieht vorwiegend in Excel.

Anhand der Prozesskette wird folgendes erkennbar:

▸ Der Lynx E-Bilanz Browser setzt am Ende des bestehenden Prozesses an.

▸ Unternehmen sind in der Lage, verschiedene Erfassungsoptionen zu wählen (Steuerbilanz & Steuer-GuV, HGB + Überleitungsrechnung, HGB + Steuerdifferenzen).

▸ Die Trennung zwischen dem E-Bilanz Browser und den laufenden Produktivsystemen ist gewährleistet.

▸ Damit ist kein Eingriff in die bestehenden ERP Systeme zwingend erforderlich, z.B. können aufwendige System-Updates oder zusätzliches Customizing entfallen.

▸ Mit Hilfe der bewährten Integrationslösung Lynx Enterprise Service Bus besteht für Unternehmen die Möglichkeit zur Kopplung der Systeme. Diese Integrationsplattform ermöglicht einen Austausch der Daten in unterschiedliche Formate, beispielsweise über Datenbanken in SQL, XML oder XBRL.

▸ Dadurch können SAP, ORACLE und andere ERP-Systeme mit direktem Zugriff auf relevante Tabellen integriert werden, wodurch unter anderem. auch Lageberichtsaktualisierungen optimiert werden können.

Architektur

Die Software wurde auf der Basis einer JAVA Enterprise-Architektur entwickelt. Dies erlaubt einen Rapid-Prototyping-Ansatz unter Verwendung gängiger Plugins und Adapter. Beispielhaft seien hier die Mandantenfähigkeit, Sicherheit und Benutzerberechtigungen erwähnt. Desweiteren besteht damit für den Anwender auch die Möglichkeit, schnell und qualitätsgesichert mandantenspezifische Anpassungen oder Erweiterungen vorzunehmen.

Der XBRL-Browser ist eine Web-Anwendung. Dadurch sind zentrale Client-Server-Installationen möglich. Der Endbenutzer benötigt lediglich einen gängigen Internet Browser, z.B. Mozilla Firefox oder Internet Explorer ab Version 8.

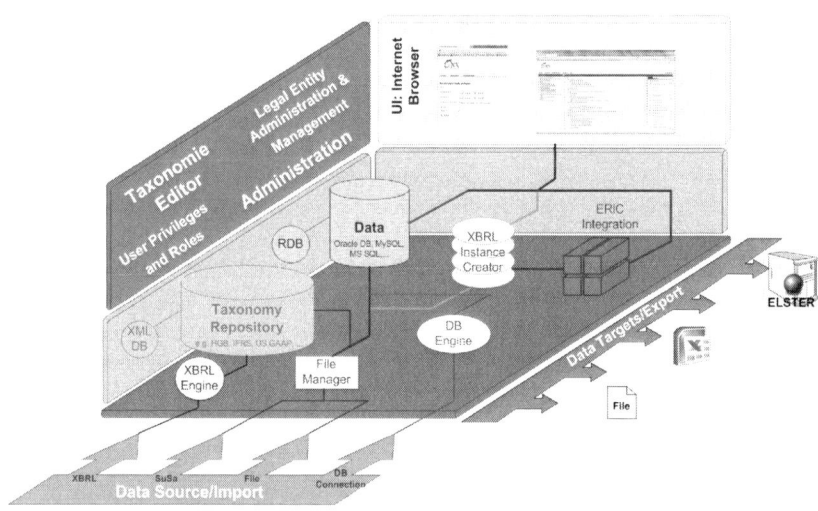

Abbildung 7.54: LYNX XBRL-Browser Architektur

Die Taxonomien werden durch den Prozessor dynamisch ausgelesen und für den Benutzer in einer Baumstruktur zur Erfassung bereitgestellt. Stammdaten und Bewegungsdaten werden dabei in der relationalen Datenbank gespeichert und stehen für weitere Anforderungen wie das Reporting zur Verfügung. Die Architektur erlaubt den Einsatz verschiedener relationaler Datenbanken, sei es im Open-Source-Bereich wie EXIST DB, MySQL oder aber die Nutzung von High-End-Datenbanken wie Oracle. Der XBRL-Browser ist mit „Audit Solutions" der Firma Audicon integriert.

Damit kann das System in jede IT-Systemlandschaft flexibel integriert werden. Wirtschaftsprüfer und Steuerberater können gleichzeitig mit ihren Mandanten online an der Erstellung der E-Bilanz arbeiten. Die Anwendung kann über Web an verschiedenen Standorten einfach aufgerufen werden. Das kann in größeren Organisationen bei vielen Firmenabschlüssen und verschiedenen Standorten erhebliche organisatorische Vereinfachungen mit sich bringen und spart Wartungskosten.

Der XBRL-Browser in der Praxis

Anwendungsvarianten

Der XBRL-Browser kann im Rahmen der Anforderungen zur E-Bilanz vom Anwender flexibel eingesetzt werden. Es gibt grundsätzlich zwei alternative Verfahren, die der Anwender zur Aufbereitung der E-Bilanz wählen kann.

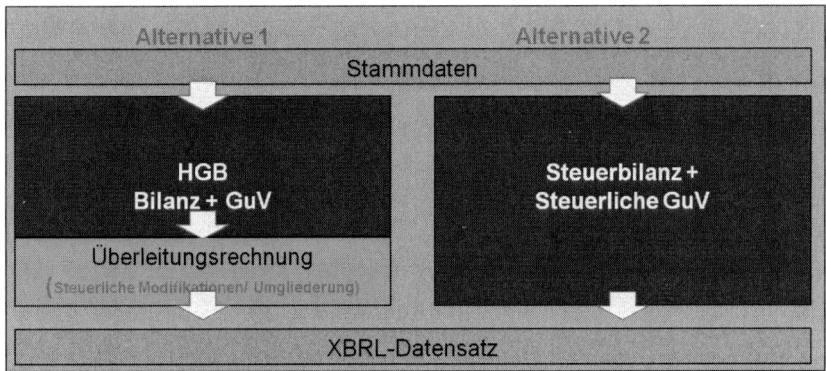

Abb. 2.1.1 Alternative Wege zur Erzeugung der e-Bilanz

Werden bereits Steuerbilanzen erstellt, kann der E-Bilanz Browser durch die vielfältigen Datenaustauschmöglichkeiten mit Excel, CSV oder XML-Datenbankaustausch die fertige Steuerbilanz aus einem Vorsystem übernehmen. Das kann dabei ein SAP-ERP-System sein, aber auch ein BW oder Konsolidierungssystem und andere wie die Oracle E-Business Suite etc.

Wird für die Erstellung der E-Bilanz die HGB-Bilanz zu Grunde gelegt, kann auch diese direkt in das System importiert werden und die Überleitungsrechnung in der Taxonomiestruktur erfasst werden.

Für die praktischen Anwendungsfälle wie z.B. die Kontenplanlösung oder die Delta-Posten-Methode kann der XBRL-Browser genauso eingesetzt werden wie für komplexe Anwendungsfälle, bei denen eine Prozessautomation erforderlich wird.

Stammdaten

Für die Aufbereitung und Erfassung der Stammdaten und Dokumenteninformationen steht dem Anwender die mögliche manuelle Aufbereitung oder aber der Import der vollständigen Stammdaten via Excel zur Verfügung. Da die Stammdaten in der Regel nicht so häufig variieren, ist davon auszugehen, dass diese beiden Erfassungswege ausreichen. Für komplexe IT-Systemlandschaften kann der Datenbankaustausch gewählt werden.

Steuerbilanz & Steuer GuV

Der XBRL-Browser unterstützt die direkte Erfassung der Steuerbilanz und Steuer GuV. Bei kleineren Firmenabschlüssen reicht dabei der Import der Steuerbilanz durch den Excel-Datenimport und -export. Hier kann im ersten Schritt die Taxonomie aus dem System heraus exportiert werden, sodass sie dem Anwender bereits für das erste Konten-Mapping und den späteren Import zur Verfügung gestellt werden kann. Grundsätzlich wird in diesem Modul immer die komplette Taxonomie exportiert und importiert. Dadurch können die Berichtsinformationen wie Anhang, Lagebericht und andere ergänzende Strukturen (z.B. steuerliche Modifikationen etc.) importiert werden.

In größeren Abschlüssen kann der XBRL-Browser direkt mit SAP, Oracle und anderen ERP-Systemen integriert werden. Anstelle von Excel erfolgt ein Zugriff auf Tabellen über die Integrationsschicht.

Schlüsselfeld	Bezeichnung	Wert
de-gaap-ci_OtherReportElements	Andere Berichtsbestandteile	
de-gaap-ci_OtherReportElements.ReportSupervisoryt	Bericht des Aufsichtsrats	
de-gaap-ci_OtherReportElements.invitationAnnualMe	Einladung / TO Hauptversammlung	
de-gaap-ci_OtherReportElements.Decisions	Beschlüsse	
de-gaap-ci_OtherReportElements.HGB264_2_3	Erklärung entsprechend des § 264 Abs. 2 Satz 3 und § 289 Abs. 1 Satz 5 des Handelsgesetzbuchs	
de-gaap-ci_OtherReportElements.companyLeading	Erklärung zur Unternehmensführung	
de-gaap-ci_OtherReportElements.other	sonstige Berichtsbestandteile	
de-gaap-ci_tpl	Übergangsgewinn / Übergangsverlust	
de-gaap-ci_tpl.inventory	Vorräte, Anfangsbestand	
de-gaap-ci_tpl.receivTrade	Forderungen aus Lieferungen und Leistungen (Anfangsbestand)	
de-gaap-ci_tpl.receivOther	sonstige Forderungen	
de-gaap-ci_tpl.liabTrade	Verbindlichkeiten aus Lieferungen und Leistungen (Anfangsbestand)	
de-gaap-ci_tpl.otherAdditions	Sonstige Zurechnungen	
de-gaap-ci_tpl.otherDeductions	Sonstige Abrechnungen	
de-gaap-ci_incomeUse	Ergebnisverwendung	
de-gaap-ci_incomeUse.gainLoss	Bilanzgewinn / Bilanzverlust (GuV)	
de-gaap-ci_incomeUse.gainLoss.netIncome	Jahresüberschuss/-fehlbetrag, Ergebnisverwendung	
de-gaap-ci_incomeUse.gainLoss.MinorityInt	Ergebnisanteil anderer Gesellschafter	
de-gaap-ci_incomeUse.gainLoss.retainedEarningsPr	Gewinnvortrag aus dem Vorjahr	

Abbildung 7.55: Excel Stammdaten und Bewegungsdatenexport und -import Modul

Handelsbilanz & Überleitungsrechnung

In vielen Fällen kommen die Unternehmen aus der Ära der Einheitsbilanz und nutzen typischerweise die Überleitungsrechnung zur Erstellung der E-Bilanz. Auch diese Anwendungsvariante kann der Anwender wählen. Das Konten-Mapping (z.B. nach Import einer HGB- Summen- und Saldenliste) erfolgt dabei wahlweise auf Einzelkontenbasis oder durch die Zuordnung ganzer Kontenbäume. Das ist insbesondere bei umfangreichen Kontenplänen hilfreich.

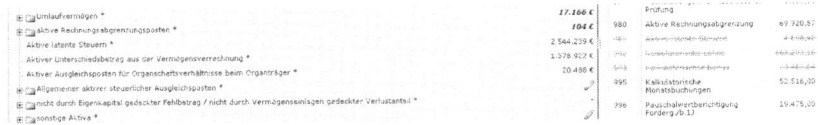

Abbildung 7.56: Summen- und Saldenlisten Mapping via Drag & Drop

Das Speichern in Form eines Templates erlaubt dabei die Verwendung der automatischen Zuordnung in den Folgejahren, aber auch die Nutzung in anderen steuerbilanziellen Einheiten, sofern diese den gleichen Kontenrahmen benutzen.

Konto	Bezeichnung	Saldo	Kontenmapping entfernen
983	Aktive latente Steuern	4.808,40 €	
980	Aktive Rechnungsabgrenzung	69.920,57 €	
983	Aktive latente Steuern	4.808,40 €	
983	Aktive latente Steuern	4.808,40 €	
1200	Sparkasse Sesamstrasse	283.429,74 €	

Abbildung 7.57: Kontenmapping

In den Folgejahren kann der XBRL-Browser auf das einmalig erstellte Tagging zurückgreifen und der Import der SuSa erfolgt automatisch. Es müssen nur noch die Differenzen, bedingt durch eine Taxonomie- oder Kontenplanänderung, angepasst werden.

Erfassung von Steuerdifferenzen (Delta-Posten)

Für den Fall, dass ein Abschluss nicht im ERP-System gewünscht ist, kann der Mandant die Steuerdifferenzen im XBRL-Browser erfassen.

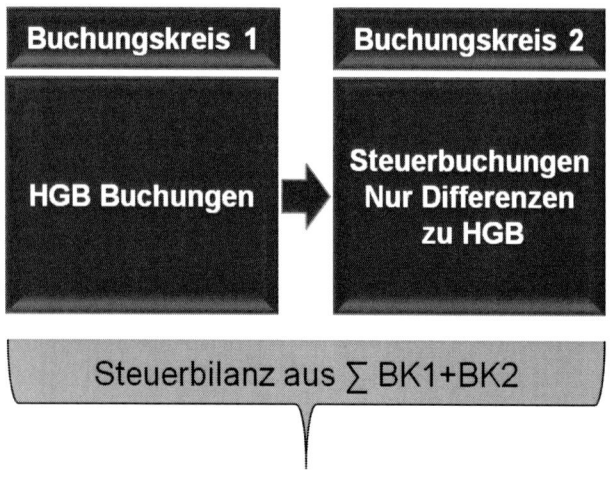

Abbildung 7.58: Steuerdifferenzen

Audit-Trail, Dateianhänge, sonstige Funktionen

Die Lösung bringt zudem Funktionen zur Validierung, Revisionierung und zur Instanzengenerierung mit. Ebenfalls kann der Anwender beliebige Dateianhänge im System speichern, was in späteren Prüfungssituationen hilfreich ist (z.B. die Summen- und Saldenliste).

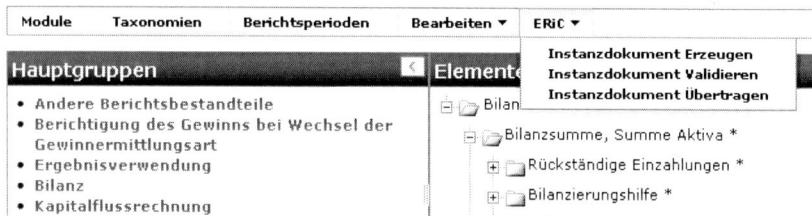

Abbildung 7.59: Integrierte Validierung und Instanzenerzeugung & -übertragung

Der XBRL-Browser schreibt die manuellen Veränderungen ebenso mit wie die Datenimporte. Dieser Audit-Trail ermöglicht die Revisionierung und das Wiederherstellen alter Stände, bezogen auf das komplette Berichtsjahr, oder aber in einzelnen Feldern.

Details

| | Daten | Revisionen | Anhänge | Kalkulationen | Konten | Informationen |

Version	Wert	Kommentar	Geändert von	Geändert am
0	4808.4		dunkel	2011-12-15T14:26:25Z
1	4808.4		dunkel	2011-12-20T10:27:40Z
2	668011.5		dunkel	2011-12-20T10:28:19Z
3	663203.1		dunkel	2011-12-20T10:28:32Z
4	668011.5		dunkel	2011-12-20T13:37:59Z
5	737932.07		dunkel	2011-12-20T13:38:15Z
6	742740.47		dunkel	2012-01-17T10:06:13Z
7	747548.87		dunkel	2012-01-18T10:33:33Z

Abbildung 7.60: Revisionierung und Audit-Trail

Stammdaten oder auch Lageberichtsinformationen können ebenso wie die Bewegungsdaten der Bilanz, GuV etc. über die erwähnten Excel-Schnittstellen bewegt werden.

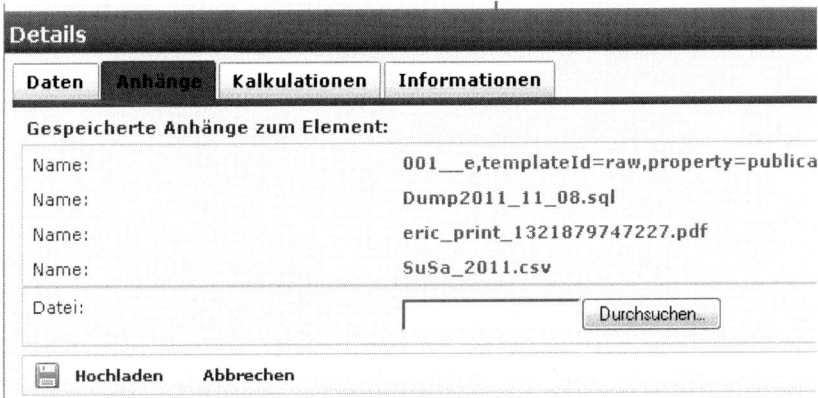

Abbildung 7.61: Dateianhang

Für die besonderen Summenmussfelder, bei denen zusätzlich der Kontennachweis erwünscht ist, können z.B. beliebige Dateianhänge und Dokumente gespeichert werden. Ebenso besteht die Möglichkeit, in zusätzlichen Kommentarfeldern Hinweise für die spätere Prüfung zu speichern.

Weitergehende Abstimm-Maßnahmen werden durch die Visualisierung der Rechenregeln der Taxonomien visuell unterstützt.

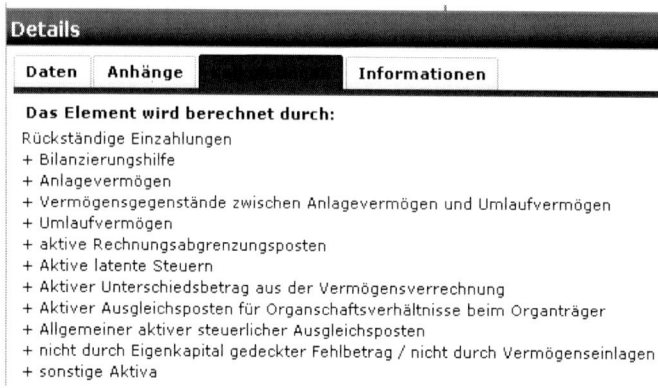

Abbildung 7.62: Rechenregeln der Taxonomieelemente

Darüber hinaus erlaubt die Integrationsschicht den direkten Zugriff auf Tabellen in SAP, BO und anderen Systemen.

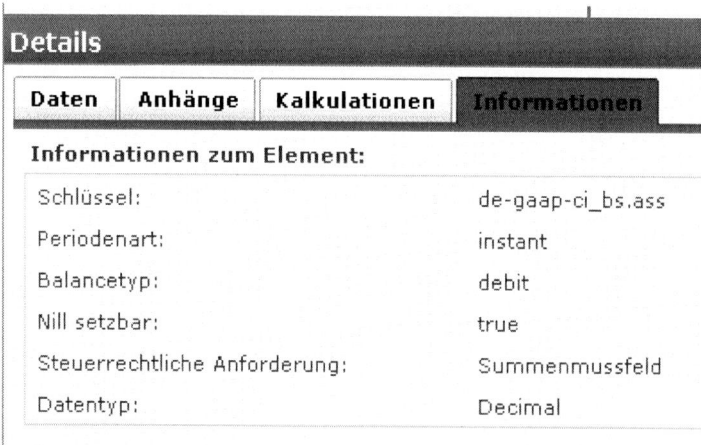

Abbildung 7.63: Technische Informationen zu Taxonomieelementen

LYNX E-Bilanz Browser – Funktionalitäten

Nachfolgend werden die wesentlichen Funktionalitäten im Überblick dargestellt. Der XBRL-Browser ist eine Web-basierte Anwendung und kann daher mittels Internet Explorer bedient werden.

Taxonomie-Browser, Web-basiertes GUI

- Import beliebiger Taxonomien
- Baum-Darstellung und Auswahl der enthaltenen Taxonomie-Module
- Visualisierung der Mussfelder
- Taxonomie-Information je Position inklusive Rechenregeln

Das Datenimport- und Erfassungsmodul eignet sich für den Austausch von Sachkonten, Stammdaten und Dateianhängen. Einstellungen zum Konten-Mapping können in Form von Templates für spätere Verwendung gespeichert werden.

Datenimport- und Erfassungsmodul

- Manuelle Erfassung der Daten
- Excel-Import von Daten, Saldenlisten, Stammdaten, Überleitungs-rechnung
- Automatisierter Datenimport über Schnittstellen
- Kontenzuordnung per Drag & Drop
- Import von Anhängen und Dokumenten
- Speicherung des Konten-Mappings für Folgejahre

Im Rahmen der Compliance wurden verschiedene Funktionen imple-mentiert. Ein eigenes Berechtigungskonzept und GdPDU-Unterstützung ergänzen weitere Funktionen zur Sicherheit.

Sicherheit

- Komplette Änderungshistorie bei Eingaben mit Benutzer und Datum
- Wiederherstellen einzelner Felder oder Bilanzjahre
- Monitoring der Berichtsperiode: Ampel-Workflow
- Multiuser - Berechtigungskonzept
- GdPDU-Unterstützung, Lese- und Schreibzugriff

Der XBRL-Browser integriert standardmäßig Funktionen zur Übertragung und Validierung der Instanzendatei. Diese sind Bestandteil der ERIC Funktionalität.

ERiC-Schnittstelle

- Validierung und Plausibilisierung vor der Übermittlung an den Elster-Server
- Programminterne Fehlermeldung, die auf die jeweilige Taxonomie-Position verknüpft

- Erzeugung der Instanzendatei
- Übertragung an Elster-Server
- Übertragungsbestätigung

Zusammenfassung

Der XBRL-Browser erlaubt es dem Anwender, die Anforderungen der E-Bilanz innerhalb einer Software zu erfüllen. Die Software kann aber auch für weitere XBRL-Finanzberichtsanforderungen eingesetzt werden, z.B. spezielle Meldewesen in Banken.

Der Datenaustausch im Rahmen der E-Bilanz erlaubt dabei folgende Geschäftsvorfälle:

- Manuelle Datenerfassung
- Import und Export der Taxonomie
- Stammdatenimport und -export
- Bewegungsdatenimport und -export
- Import von Anlagenspiegel, Überleitungsrechnung etc.
- Import von Summen- und Saldenlisten
- Manuelles Konten-Mapping und automatisiertes Mapping mit Template
- Vollautomatischer Datenaustausch über Schnittstellen, Datenbank, XML etc.
- Zusammenführung von Teilbuchhaltungen, Verschmelzungen etc.

Lynx Consulting GmbH

Die Lynx Consulting GmbH ist seit 22 Jahren am Markt etabliert und positioniert sich als herstellerunabhängige IT-Unternehmensberatung. Ihre Stärke ist es, ausgewiesene IT-Expertise mit spezialisiertem Branchen-Know-how zu verbinden und dieses Wissen als Beratungspartner an Ihre Kunden weiterzugeben. Dabei liegen die Kernkompetenzen der Beratungsleistungen in den Bereichen Managementberatung, Anwendungsberatung und Technologieberatung. Als Special Expertise Partner der SAP dokumentiert Lynx nachweislich ihre besondere Expertise im SAP-Umfeld für spezielle Branchen und SAP-Lösungen, für die bedeutende Referenzprojekte sowie ein umfassendes Branchenportfolio Voraussetzungen sind.

Der Ansprechpartner für das Thema E-Bilanz und Lynx XBRL-Browser ist Frank Dunkel. Er ist seit 13 Jahren Unternehmensberater in der Lynx Consulting GmbH. Als zertifizierter Projektmanager und Bereichsleiter mit einer hohen Expertise in den Themen um die Fragen Steuern, Finanzen und Controlling ist er verantwortlich für die Entwicklung des XBRL-Browsers und die dazugehörenden Einführungs- und Schulungsstrategien.

8 Erfahrungsaustausch

Der Erfahrungsaustausch in diesem Kapitel ist keine empirische Studie zum Stand der Entwicklung im E-Bilanz Projekt. Vielmehr handelt es sich um eine Vielzahl an Fakten und persönlichen Erlebnissen der Buchautoren. Sie sind an dieser Stelle gerne eingeladen sich elektronisch ebenfalls am Erfahrungsaustausch zu beteiligen:

http://e-Bilanz.espresso-tutorials.de

8.1 Zuordnung der Konten zu Taxonomiepositionen

Die dem Autorenteam vorliegenden Rückmeldungen aus Kundenterminen und Seminaren lassen einen Trend erkennen, dass Kunden als auch Steuerberatungsunternehmen bei der Umsetzung der E-Bilanz Anforderungen einen pragmatischen Weg eingeschlagen haben. Es findet eine Fokussierung auf die technische Möglichkeit der E-Bilanz Erstellung und Übertragung statt.

Die vorhandenen Konten werden zunächst in Excel mit den Taxonomiepositionen abgeglichen und auch zugeordnet. Dieser Arbeitsschritt wird von den Unternehmen teilweise intern übernommen bzw. in einzelnen Fällen auch an den Steuerberater ausgelagert. Große Erweiterungen an den Kontenplänen und in der SAP Integration (Kontenfindung) gibt es scheinbar nicht. Hier und da werden einige wenige Sachkonten z.B. für Rückstellungen neu angelegt. Es sind uns auch Kundenbeispiele bekannt, die für Ihre E-Bilanz Taxonomie nicht ein neues Konto anlegen wollen/müssten. Möglich wird das durch die zahlreichen Auffangpositionen, oder mittels Verwendung der übergeordneten Kontenposition (z.B. bei Löhnen und Gehältern).

Ist der Auswahlprozess für eine E-Bilanz Software bereits durchlaufen, kann das Mapping dort bereits hinterlegt werden. An dieser Stelle warten viele Kunden aktuell (März 2012) auch auf die SAP Funktionalität (siehe Hinweis 1666580) für eine erweiterte Pflege der Bilanz und GuV Struktur.

8.2 DSAG-Umfrageergebnisse

Die DSAG hatte Ende 2011 Ihre Mitglieder zum Stand des Projektes E-Bilanz befragt. Mit fast 500 Rückmeldungen unter den SAP Kunden, kann man diese Umfrage auch als repräsentativ bezeichnen. Auf die Frage zu welchem Zeitpunkt Projekte zur E-Bilanz geplant sind, haben sich 78 % für 2011/2012 ausgesprochen. Lediglich 22 % planen mit dem Jahr 2013. Damit wird der Großteil der Kunden das Jahr 2012 für einen Testphase der E-Bilanz nutzen.

Auf die Frage nach einer parallelen Rechnungslegung im SAP System und damit Speicherung der steuerlichen Werte, gehen die Meinungen weiter auseinander. Aufgrund möglicher Mehrfachnennungen bei der Kontenlösung in Kombination mit dem neuen Hauptbuch ergibt sich eine Summe die größer als 100 % ist.

- 49 % Kontenlösung
- 38 % Neue Hauptbuchhaltung
- 25 % Special Ledger

Auf dem Weg in zu einer Steuerbilanz wurde im Rahmen der DSAG Umfrage ebenfalls erfragt, ob bereits heute im Anlagevermögen steuerliche Wertansätze in Form von Bewertungsbereichen vorhanden sind. 59 % stimmen dieser Aussage zu. Somit lässt sich feststellen, dass die SAP Software bereits heute, zumindest für die Vorbereitung steuerlicher Wertansätze zum Einsatz kommt. Die Frage nach einer vollständigen Abbildung der Steuerbilanz zum heutigen Zeitpunkt haben lediglich 12 % positiv beantwortet. Diese Antworten verwundern nicht, weil es vor der E-Bilanz bzw. dem BilMoG wenige Gründe gab, eine Steuerbilanz auch im SAP System abzubilden. Um eine Steuerbilanz abzubilden sind die beiden erlaubten Verfahren fast gleich auf:

- 48 % Abbildung mittels vollständiger Buchungen
- 46 % Abbildung mittels Überleitungsrechnung

Unter dem Strich ist die DSAG Umfrage eine schöne Momentaufnahme. Es bleibt abzuwarten, ob die zu realisierten Projekte in Anbetracht der zeitlichen Rahmenbedingungen und zur Verfügung stehenden Ressourcen tatsächlich so realisiert werden. Ein Plan/Ist-Vergleich Ende 2012 scheint angebracht.

8.3 Release-Zyklus E-Bilanz-Taxonomie

Eine alte Fußballerweisheit besagt „Nach dem Spiel ist vor dem Spiel". Ähnlich verhält es sich mit der für 2012 zu verwendenden maßgeblichen Taxonomie 5.0. Nachdem die GAAP Datei am 14.09.2011 für den Download freigegeben wurde und in Projekten als Mappingbasis für den Kontenplan bereits zum Einsatz kommt, wird bereits über die Taxonomie 5.1 diskutiert (Quelle: Review-AG Taxonomie Steuer). Änderungen gegenüber 5.0 sind noch nicht öffentlich. Hier fehlt noch ein finaler Beschluss der Einkommensteuer-Referatsleiter. Die überarbeitete Taxonomie 5.1 soll dann für alle Wirtschaftsjahre die nach dem 31.12.2012 beginnen Gültigkeit haben.

Es bleibt die Tatsache, dass es Änderungen in diesem und in den nächsten Jahren geben wird. Entsprechend wird die Taxonomie jährlich überprüft und dynamisch angepasst aufgrund von Ereignissen wie z.B.:

- Gesetzesänderungen
- Anregungen der Anwender
- geklärte Zweifelsfragen
- Fehlerbeseitigung
- Erfordernisse aus der Verwaltung

Der Anpassungsprozess soll im Herbst eines Jahres beginnen und Ende Januar in einen Vorschlag münden. Ein Beschluss ist dann jeweils für den Februar geplant. Zur technischen Erstellung und verbindlichen Veröffentlichung soll es dann jeweils bis zum April eines Jahres kommen. Entsprechend sind Taxonomien dann jahresbezogen anzuwenden. Erfolgt keine Änderung wird eine Taxonomie mehrere Jahre Gültigkeit haben.

SAP ERP Standard Funktionalität

Die von SAP im Rahmen der Wartung ausgelieferten Programme mit dem Hinweis 1666580, berücksichtigen diese potentiellen jährlichen Änderungen bereits. Die Konten werden in der E-Bilanz-Struktur zu einem fest definierten und auch gleichbleibenden XBRL Tag zugeordnet. Ändert sich die Taxonomie indem neue Knotenpunkte ergänzt werden, ist der manuelle Arbeitsaufwand gering. Sie generieren sich zunächst mit der Transaktion FSE1_XBRL die aktuelle E-Bilanz Struktur. Hierbei bleiben bestehende (bekannte) Verknüpfungen erhalten. Anschließend erfolgt eine Überprüfung und ggf. Neuzuordnung im Bereich der neuen Kontenpunkte.

9 E-Bilanz-Projekt

Ein erfolgreiches E-Bilanz-Projekt wird in einer Kombination aus Fachbereichs- und IT-Beteiligten bestritten. Aus Prozesssicht kann man die folgenden einzelnen Schritte und damit auch Projektphasen differenzieren.

Vorbereitungen

Abhängig von Ihrem Kontenplan sind ggf. Anpassungen notwendig, um die Berichtsanforderungen der Taxonomie bedienen zu können. Auch wenn die gesetzlichen Anforderungen hier sehr detaillierte Möglichkeiten vorsehen, sind eine Beibehaltung des aktuellen Kontenplans und der Gebrauch von Sammelpositionen zu empfehlen. Ähnlich wie in der Pilotphase dürfte die E-Bilanz bei den Unternehmen auf das Wesentliche beschränkt bleiben. Gibt es Bereiche, in denen Sie neue Konten für die Berichtsanforderungen anlegen wollen, sind u. a. angepasste Buchungsanweisungen zu berücksichtigen: Soll die Steuerbilanz über Konten oder Ledger abgebildet werden? Wie sollen Sonder- und Ergänzungsbilanzen abgebildet werden? Diese zentralen Fragestellungen sollten in der Vorbereitungsphase geklärt werden.

Überleitung Handels- und Steuerbilanz

Sie müssen sich in dieser Phase festlegen, ob die Steuerbilanz vollständig gebucht oder lediglich mittels Deltaverfahren fortgeschrieben wird. Vor- und Nachteile haben wir Ihnen im Kapitel 5 „Wahlmöglichkeiten" detailliert gegenübergestellt.

Datenselektion

Sie müssen sich bewusst sein und sich auch festlegen, welche verschiedenen Datenquellen für die E-Bilanz-Anforderungen in Frage kommen. Handelt es sich ausschließlich um SAP ERP-Systeme? Gibt es Tochtergesellschaften, bei denen man Daten nur mittels Excel exportieren kann? Oder kommen andere externe Quellen wie BI-Systeme oder Steuerbuchhaltungssoftware in Frage? Egal für welche verschiedenen Szenarios Sie sich in dieser Phase entscheiden, achten Sie darauf, dass auch eine Massenfähigkeit von Hunderten von Buchungskreisen gegeben ist.

Bei der Betrachtung der Verfahren empfiehlt es sich zu differenzieren, wie flexibel diese jeweils sind. Ein reiner Upload der Daten wird in der Regel nicht ausreichend sein. Vielmehr geht es auch darum, die manuelle Möglichkeit zur Datenanpassung zur Verfügung zu haben. Zusätzliche Anforderungen wie z. B. die Einbeziehung des Anlagespiegels sollten ebenfalls gegeben sein.

Erzeugung, Validierung und Versendung der XBRL-Datei

Neben dem SAP Business Objects Disclosure Management gibt es seine Vielzahl von AddOn-Anbietern, die hier mit eigenen Softwarelösungen im SAP ERP oder auch außerhalb des SAP-Systems tätig sind. Die Auswahl dieses Tools ist somit ein kleiner, wenn auch entscheidender Bestandteil des E-Bilanz-Projektes. Hier wird u. a. entschieden, wo Sie technisch die Konten in Richtung Taxonomie zuordnen.

Testphase

Nutzen Sie das Jahr 2012, um den kompletten E-Bilanz-Kreislauf einmal zu durchlaufen – von der Buchung über Überleitung HGB/Steuerrecht und Datenselektion zur Erzeugung, Validierung und finalen Versendung der XBRL-Datei. Sollte der Prozess an einer Stelle nicht funktionieren, so können Sie ohne Not bzw. Zeitdruck den Fehler korrigieren.

Von Seiten des Autorenteams wünschen wir Ihnen ein erfolgreiches E-Bilanz-Projekt. Wir konnten hoffentlich mit unserem Buch einen kleinen Teil dazu beitragen.

Jörg Siebert

Martin Munzel

A Die Autoren

Jörg Siebert arbeitet seit 1996 im Bereich Rechnungswesen bzw. SAP ERP Financials als Consultant, Trainer, im Vertrieb und im Produktmanagement. Davon war er die letzten 10 Jahre bei SAP in Walldorf tätig. Seit dem 01.10.2011 ist er mit seiner eigenen Firma Siebert Consulting www.siebert-consulting.com aktiv. Neben der Zertifizierung SAP ERP 6.0 EHP4 sowie SAP SEM bildet ein Studium der Wirtschaftsinformatik mit anschließender Spezialisierung zum Bilanzbuchhalter seinen fachlichen Hintergrund.

Martin Munzel kann auf mehr als 13 Jahre Erfahrung im SAP-Umfeld mit einem Fokus auf Controlling und Projektsystem zurückblicken. In dieser Zeit hat er SAP-Systeme sowohl als Berater (bei Siemens und Capgemini) wie auch als Inhouse-Berater (bei Tech Data und Sartorius) kennengelernt und verfügt somit über einen breiten praktischen Erfahrungsschatz. Seit dem 01.10.2011 arbeitet er als freiberuflicher SAP-Berater und -Trainer und ist unter der Webadresse www.martin-munzel.com erreichbar. Vor seiner beruflichen Laufbahn hat Martin Munzel Wirtschaftsinformatik und Betriebswirtschaftslehre studiert.

B Index

C Abbildungsverzeichnis

D Disclaimer

Die in diesem Werk wiedergegebenen Gebrauchsnamen, Handelsnamen, Warenbezeichnungen usw. können auch ohne besondere Kennzeichnung Marken sein und als solche den gesetzlichen Bestimmungen unterliegen.

Sämtliche in diesem Werk abgedruckten Bildschirmabzüge unterliegen dem Urheberrecht der SAP AG, Dietmar-Hopp-Allee 16, 69190 Walldorf.

In dieser Publikation wird auf Produkte der SAP AG Bezug genommen. SAP, R/3, SAP NetWeaver, Duet, PartnerEdge, ByDesign, SAP BusinessObjects Explorer, StreamWork und weitere im Text erwähnte SAP-Produkte und Dienstleistungen sowie die entsprechenden Logos sind Marken oder eingetragene Marken der SAP AG in Deutschland und anderen Ländern. Business Objects und das Business-Objects-Logo, BusinessObjects, Crystal Reports, Crystal Decisions, Web Intelligence, Xcelsius und andere im Text erwähnte Business-Objects-Produkte und Dienstleistungen sowie die entsprechenden Logos sind Marken oder eingetragene Marken der Business Objects Software Ltd. Business Objects ist ein Unternehmen der SAP AG. Sybase und Adaptive Server, i-Anywhere, Sybase 365, SQL Anywhere und weitere im Text erwähnte Sybase-Produkte und -Dienstleistungen sowie die entsprechenden Logos sind Marken oder eingetragene Marken der Sybase Inc. Sybase ist ein Unternehmen der SAP AG. Alle anderen Namen von Produkten und Dienstleistungen sind Marken der jeweiligen Firmen. Die Angaben im Text sind unverbindlich und dienen lediglich zu Informationszwecken. Produkte können länderspezifische Unterschiede aufweisen.

Der SAP-Konzern übernimmt keinerlei Haftung oder Garantie für Fehler oder Unvollständigkeiten in dieser Publikation. Der SAP-Konzern steht lediglich für Produkte und Dienstleistungen nach der Maßgabe ein, die in der Vereinbarung über die jeweiligen Produkte und Dienstleistungen ausdrücklich geregelt ist. Aus den in dieser Publikation enthaltenen Informationen ergibt sich keine weiterführende Haftung.

Ebenfalls erhältlich bei Espresso Tutorials:

Besuchen Sie uns unter www.espresso-tutorials.com!

Neuerscheinungen:

This book will give you an overview on the SAP Controlling module and walk you through he wide range of functionality available. You will get to know all the different sub modules of SAP CO, such as:

- Cost Center Accounting
- Internal Orders
- Activity Based Costing
- Product Costing
- Profitability Analysis
- Profit Center Accounting

Mit SEPA wird der Zahlungsverkehr in der Eurozone gemäß ISO 20022 vereinheitlicht. Die nationalen Zahlwege werden ersetzt, so dass Überweisungen wie auch das Lastschriftverfahren in Euro künftig über einheitliches SEPA Format und Zahlungsträger abgewickelt werden. Dieses Buch hilft Ihnen dabei, die neuen SEPA-Zahlungsverfahren fristgerecht bis 2014 in Ihrem SAP-System umzusetzen.